이인식의

과학나라

이인식의 과학나라

저자 　이인식

1판 1쇄 인쇄 　2004. 8. 19.
1판 2쇄 발행 　2004. 9. 24.

발행처 　김영사
발행인 　박은주

등록번호 　제406-2003-036호
등록일자 　1979. 5. 17.

경기도 파주시 교하읍 문발리 출판단지 514-2 우편번호 413-834
마케팅부 031)955-3100, 편집부 031)955-3250, 팩시밀리 031)955-3111

값은 표지에 있습니다.

ISBN 89-349-1490-4 03320

독자의견 전화 　031)955-3104
홈페이지 　http://www.gimmyoung.com
이메일 　bestbook@gimmyoung.com

좋은 독자가 좋은 책을 만듭니다.
김영사는 독자 여러분의 의견에 항상 귀 기울이고 있습니다.

청소년을 위한 교실 밖의 과학세상 읽기

이인식의 과학나라

이인식 글 | 김영훈 그림

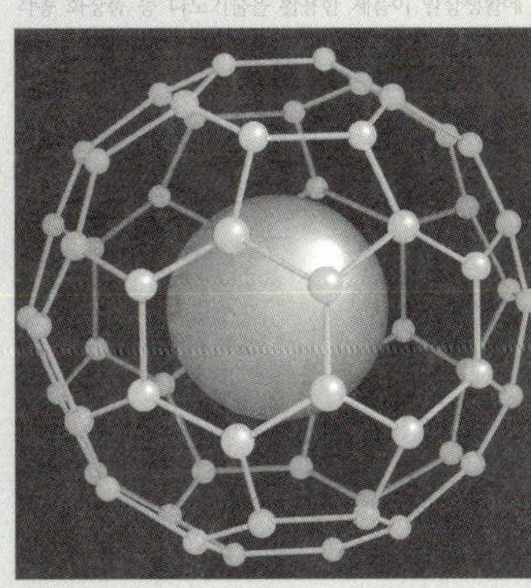

김영사

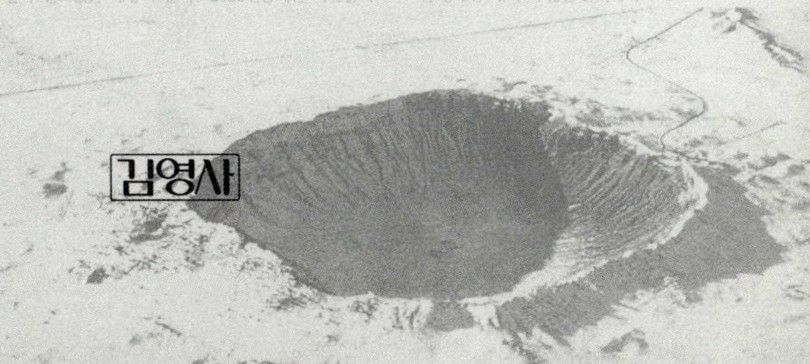

지난 3년 동안 월요일 아침마다 우리나라의 꿈많은 젊은이들을 만나면서 얼마나 즐겁고 행복했는지 모릅니다. 한국의 미래를 짊어지고 나갈 소중한 청소년들에게 과학기술에 관한 이야기를 들려줄 수 있었으니까요.

이 책은 《한겨레 신문》에 실린 〈이인식의 과학나라〉 칼럼을 모아놓은 것입니다. 이 칼럼은 월요일에 발행되는 '함께하는 교육' 면에 2001년 5월부터 2004년 4월까지 151회 연재되었지요.

나는 이 칼럼을 쓰면서 초등학생, 중학생, 고등학생 그리고 선생님들과 학부모님들의 기대와 성원을 한시도 잊어본 적이 없습니다.

신문의 칼럼은 대개 10매(200자 원고지 기준)이지만 〈이인식의 과학나라〉는 6매짜리였지요. 따라서 제한된 지면에 정보와 재미를 듬뿍 담기 위해 원고지 한 칸 한 칸을 아껴쓰지 않으면 안 되었습니다. 나는 연필로 원고지의 빈칸을 채우고 다시 지우개로 지우는 작업을 되풀이하면서 1,200개의 공간 하나하나에 정성을 쏟아부었습니다.

나는 이번만큼 원고지에 글을 쓰는 것을 다행스럽게 생각해본 적이 없습니다. 컴퓨터가 제아무리 편리하다 해도 연필과 지우개보다 효율적이지 못했을 테니까요. 하지만 첨단기술 대신 전통기술로 글을 쓰는 나를 시대에 뒤떨어진 사람으로 여기는 분들이 적지 않더군요.

오늘날 많은 사람들은 과학기술에 의존하여 편안한 삶을 누리게 됨에 따라 첨단기술 없이는 살아갈 수 없다고 생각하는 것 같습니다. 이들에게 과학기술의 참모습을 보여드리기 위해 이 칼럼을 집필했다고 해도 과언은 아닙니다.

또한 과학기술은 우리에게 물질적 진보를 일구어내는 힘뿐만 아니라 세계를 변혁하고 이해하는 틀을 선물합니다. 그렇습니다. 과학기술만큼 세상을 읽는 새로운 안목과 사고방식을 제공하는 분야는 흔치 않지요.

특히 과학 교과서의 공식을 암기하는 일에 지친 학생 여러분에게 교실 밖의 과학 세계를 보여주기 위해 가령 촛불시위, 노예제도, 식인풍습, 9·11테러, 이라크 전쟁 등 과학기술과 무관한 듯한 주제의 글을 자주 발표했음을 밝혀두고자 합니다. 아무쪼록 이 책이 미래에 도전하는 젊은이들이 꿈과 상상력을 키워나가는 데 보탬이 되길 바랍니다.

김영훈 화백(한겨레 신문), 김영사의 박은주 사장과 김윤경 씨, 아내 안젤라에게 감사의 말씀을 전하고 싶습니다.

2004년 8월 6일
서울 역삼동 블루밍코트에서
이인식

Contents
이인식의 과학나라

1월의 과학나라

우리나라 국민총행복은 얼마일까

새해를 맞으면서 행복한 삶을 꿈꾸지 않은 사람은 없을 것이다. 사람마다 행복을 느끼는 정도가 다르기 때문에 매사에 감사하는 사람이 있는가 하면 스스로를 불행하다고 여기는 사람들도 적지 않다.

이처럼 행복은 주관적인 감정이므로 한마디로 규정하기 힘들다. 그리스의 철학자 아리스토텔레스가 삶의 목적은 행복이라고 설파한 뒤 수많은 철학자가 행복이 무엇인지, 어디에서 오는지 한마디씩 거들었지만 과학적으로 설명되지는 못했다. 과학자들에게 행복한 삶에 필수적인 요소를 확인하는 과제가 넘겨진 셈이다.

이른바 '행복학'을 연구하는 과학자들은, 개인은 물론 국가 차원의 행복을 끌어올리는 방법을 찾고 있다. 가령 영국 정부는 과학자들에게 국민의 생활 만족도를 조사하도록 했다. 2002년 12월 발표된 보고서에는 영국의 행복 수준을 향상시키는 제안이 들어 있다.

이를테면 보건과 교육에 관한 정책을 수립할 때에는 '생활의 질' 지수를 고려하도록 권고했다. 또한 국가의 활동을 가늠하는 잣대로 국민총생산(GNP)을 사용하는 대신 국민총행복(GNH) 개념을 도입할 것을 주문하기도 했다.

물론 국민총행복을 국민총생산처럼 계량화하는 일은 쉽지 않다. 하지만 행복을 체계적으로 연구하는 것이 불가능한 일만은 아니다. 왜냐하면 다양한 문화, 직업, 종교에 따라 사람들이 느끼는 행복을 측정한 연구가 이미 수백 차례 진행되었기 때문이다.

전 세계 규모로 행복과 삶의 만족도를 조사한 대표적 사례는 4년마다 사회과학자들이 65개 나라를 대상으로 실시하는 '세계 가치 조사(WVS)'이다. 올 초 최근 조사 결과가 발표될 이 보고서에는 국민들이 행복을 느끼는 정도에 따라 나라별로 순위가 매겨지기 때문에 관심사가 되고 있다.

행복을 연구하는 학자들은 사람들을 행복하게 만드는 요소가 예전에는 국가의 경제 성장이었으나 이제는 개인의 삶의 질로 바뀌고 있다고 강조한다. 따라서 행복학 학자들은 정부 정책이 실업률을 줄이고, 개인의 정신건강을 개선하며, 국민이 정치에 참여하는 기회를 확대하는 방향으로 나아가야 한다고 주장한다. 특히 사회적 신분을 추구하는 사람이 많은 사회는 결코 행복한 나라가 될 수 없다고 덧붙인다.

한국처럼 젊은이들이 고시에 목을 매는 사회가 어찌 행복할 수 있으랴.

철새는 길을 잃지 않는다

한강 밤섬의 청둥오리, 철원평야의 쇠기러기, 팔당대교의 큰고니, 임진각의 두루미, 천수만의 가창오리. 시베리아 등지에서 날아와 한반도에서 겨울을 나는 대표적인 철새들이다.

청둥오리와 쇠기러기는 흔한 겨울철새이지만 큰고니와 두루미는 천연기념물로 지정될 정도로 희귀하다. 특히 세계적인 희귀조인 가창오리는 전 세계의 95%가 한반도로 찾아온다. 30만 마리의 가창오리가 해질녘 하늘로 날아오르면서 펼치는 화려한 군무는 장관이 아닐 수 없다.

철새들은 대륙과 해양을 횡단하면서 하늘에서 길을 잃지 않는다. 예컨대 북극의 제비갈매기는 해마다 유럽과 아프리카 해안을 따라 1만 9,000km 떨어진 남극으로 이동해 겨울을 지낸다. 매년 3만 8,000km를 비행하는 셈이다. 인도기러기는 9,000m 높이에서 하늘을 날며 히말라야 산맥을 넘는다. 미국 동부의 검은머리솔새는 중간에 한 번도 쉬지 않고 나흘 동안 비행하여 남아메리카 해변에 당도한다.

아주 조그만 철새들이 한 대륙에서 다른 대륙으로 먼 거리를 이동한 뒤 정확한 위치로 다시 돌아올 수 있는 까닭은 아직까지 밝혀지지 않고 있다. 철새들은 항공기 못지않게 발달된 비행 메커니즘을 갖고 있음에 틀림없다. 다시 말해 새들은 위치를 알려주는 지도와 방향을 일러주는 나침반을 갖고 있기 때문에 길을 잃지 않는 것이다.

새들은 태양, 별, 각종 항로 표지 그리고 지구의 자장으로부터 정보를 입수해서 현재의 위치와 나아갈 방향을 파악하는 것으로 여겨진다. 철새에게 가장 중요한 나침반은 수많은 별이라는 게 학계의 오래된 정설이었다. 지구의 자장은 별이 구름에 가려 보이지 않을 때 간혹 활용되는 보조 수단으로 간주되었다.

그런데 1996년 독일 과학자들이 종래의 이론을 뒤집는 새로운 사실을 발표했다. 이들은 실험을 통해 새에게 가장 중요한 나침반은 별이 아니라 지구의 자장임을 보여주었다. 새들은 뇌 안에 작은 자석을 갖고 있다. 뇌 속의 자철광은 지구의 자장과 같은 방향을 취함으로써 나침반 노릇을 한다. 그러나 이러한 실험 결과 역시 모든 철새의 이동 능력을 설명하지는 못했다. 요컨대 철새들이 이동하는 방법은 과학이 아직까지 풀지 못한 수수께끼로 남아 있다.

며칠 뒤면 설날이다. 수백만 명이 객지에서 지친 몸을 이끌고 고향으로 돌아가는 민족 대이동을 보면서 안식처를 찾아 귀환하는 철새 떼를 떠올리는 것은 인지상정이 아닐는지.

겨울우울증에는 장미꽃이 좋아

우울증이 심각한 사회문제로 부상하고 있다. 우울증은 가장 흔한 정신질환이다. 우울증 환자는 온종일 깊은 슬픔과 무력감에 시달리며 심한 경우 정신분열증 환자처럼 헛것을 보거나 헛소리를 듣는다. 삶의 의욕을 잃고 자살을 감행하는 환자도 적지 않다.

우리나라의 우울증 환자는 전 국민의 5% 정도로 추산된다. 이 가운데 15~20%가 자살을 시도하며 3% 정도는 자살에 성공한다. 해마다 우울증으로 자살하는 사람은 5,000명 정도이며 전체 자살자 6,000명의 80%를 상회한다.

우울증은 유전적 요인과 환경적 요인이 겹쳐 유발되는 복합질병이다. 특히 일상생활에서 누적된 스트레스가 우울증의 발병 가능성을 높여준다. 우울증은 남자보다 여자가 두 배가량 더 많이 걸린다. 그 이유에 대해서는 의견이 분분하다.

가령 페미니즘의 시각에서는 여성 억압의 탓으로 돌린다. 남성으로부터 정신적 또는 성적으로 학대받기 때문에 여성이 우울증에 취약하다는 주장이다. 한편 여성 특유의 생식기관이나 월경을 원인으로 꼽는

학자들도 있다.

그러나 여성이 남성보다 생리적으로 민감하게 환경요인에 반응하므로 우울증에 잘 걸리는 것으로 나타났다. 먼저 여성 호르몬인 에스트로겐이 신체의 스트레스 반응을 촉진함으로써 간접적이지만 우울증을 유발하는 것처럼 보인다. 스트레스 못지않게 여자를 우울증에 취약하게 만드는 외부요인은 계절의 변화이다. 계절적 정서장애(SAD)라 불리는 겨울우울증에 여자가 남자보다 세 배가량 많이 걸리는 것으로 밝혀졌다.

낮이 짧고 밤이 긴 겨울철에 많은 사람이 정서장애를 일으킨다. 이들은 밤이 되면 우울해지고 성욕이 갑자기 저하되지만 식욕은 왕성하여 체중이 불어난다. 일찍 자고 늦게 일어나 세상만사에 시큰둥하다. 이런 겨울우울증은 짧은 겨울 낮에 햇볕을 충분히 받지 못하여 발병하는 것으로 밝혀졌다. 요컨대 여자가 남자보다 빛에 민감하므로 발병률이 높은 것이다.

최근에는 겨울우울증이 계절 특유의 냄새와 관계가 있는 것으로 밝혀졌다. 겨울에 남편의 몸 냄새를 맡지 못한 여자가 봄이 되어 우울증이 사라지면서 갑자기 남편 체취를 식별한 사례가 확인된 것이다. 겨울은 온갖 냄새를 얼어붙게 하는 황량한 계절이 아니던가.

우울증은 항우울제와 정신요법을 병행하면 효과적이다. 겨울우울증의 경우 환자를 밝은 광선에 노출시킨 상태에서 장미꽃 냄새를 풍기는 향기요법이 권유된다.

연을 날려 피라미드 건설했을까

이집트 피라미드는 수많은 돌을 쌓아 올려 만든 거대한 탑이다. 피라미드를 이루고 있는 돌들은 사람 키를 훨씬 넘는 거석이다. 따라서 누가 어떤 기술로 그 많은 거석을 운반해 하늘 높이 쌓아 올렸는지 궁금하지 않을 수 없다. 수천 명의 노예들이 썰매로 돌을 나르고 지레로 쌓아 올렸다는 주장이 우세하지만 증거도 없고 설득력도 떨어진다.

1999년 미국의 머린 클레먼스는 고대 이집트인들이 연을 사용하여 피라미드를 건설했다는 이론을 발표하여 서구 언론의 주목을 받았다. 그녀는 이집트 유적의 상형문자에서 이 아이디어를 얻었다. 여러 명의 남자들이 일렬로 서 있고 이들은 머리 위에 밧줄 같은 것을 붙잡고 있었는데, 거대한 새 한 마리가 꼭대기에 그려져 있었다. 클레먼스는 이 새는 커다란 연이며 사람들은 무거운 물체를 들어 올리기 위해 연을 사용한 것이라고 유추했다. 다시

말해서 도르래로 거석을 들어 올렸는데, 도르래를 조절하는 밧줄의 끝에 연을 매달아놓고 하늘 높이 날려 보내는 방법으로 밧줄을 끌어당겨 도르래가 물건을 들어 올리는 힘을 공급했다는 것이다. 클레먼스는 항공학 교수에게 도움을 청해 자신의 아이디어를 실험으로 검증했다.

2001년 6월 이들은 미국 캘리포니아의 사막에서 한 개의 연과 도르래를 사용해 3t을 웃도는 3m의 돌기둥을 수직으로 세우는 데 성공했다. 오로지 바람의 힘만으로 25초 만에 석주를 들어 올림에 따라 클레먼스의 연 이론은 한낱 몽상이 아닌 것으로 판명되었다.

연은 여러 고대문명에서 다양하게 사용되었다. 가령 옛 중국인들은 먼 곳에 소식을 전하는 통신수단이나 적군에게 불덩어리를 퍼붓는 무기로 연을 활용했다. 일부 부족에서는 연이 종교적 의미를 지녔다. 뉴질랜드 원주민인 마오리족은 장례식에서 연 날리기를 했다. 피라미드 축조의 책임을 진 승려들이 연의 비밀을 후세에 남기지 않은 것도 종교적 이유가 있을지 모른다는 게 연 이론 지지자들의 설명이다. 이들은 한 걸음 더 나아가 영국 평원에 서 있는 선사시대의 돌기둥인 스톤헨지, 안데스의 잉카제국 유적들 역시 연을 이용하여 세워진 것임에 틀림없다고 주장한다.

물론 이집트학 전문가들이 연 이론을 인정할 리 만무하다. 옛 문헌에서조차 연에 관한 기록을 찾아볼 수 없기 때문이다. 그러나 피라미드 건설의 비밀을 아직까지 밝혀내지 못한 상황에서 연 날리기와 같이 기상천외한 기술이 사용되었을 가능성을 완전히 배제할 일만도 아닌 것 같다.

담배를 끊기 어려울 때는

올해부터 정부의 금연정책이 강력히 시행된다. 보건복지부는 학교와 의료기관을 절대금연구역으로 지정하고 이들 건물 안에서 흡연하는 사람에게 과태료를 부과할 계획이다.

통계청이 발표한 《2001 한국의 사회지표》를 보면, 18살 이상 성인이 1년 동안 1,049억 개비의 담배를 피워 5조 2,800억 원을 허공으로 날려보냈다. 보건복지부는 금연종합대책의 시행으로 67.8%에 이르는 성인 남성의 흡연율을 2010년까지 30% 이하로 낮춘다는 목표를 세워놓고 있다.

담배는 저승사자의 풀이다. 흡연자는 비흡연자보다 폐암에 걸릴 확률이 25배나 높다. 심장발작을 일으킬 가능성도 2~3배 많다. 담배가 건강에 해로운 것은 니코틴 때문만이 아니다. 물론 니코틴도 독성이 있지만 니코틴 중독으로 사람이 죽지는 않는다. 담배를 태울 때 약 4,000가지의 화합물이 생기는데, 그 중 적어도 60가지가 암을 일으키는 물질인 것으로 확인되었다. 그러나 흡연자는 줄어들기는커녕 오히려 증가 추세이다.

전 세계적으로 담배 소비량은 해마다 약 1% 증가하고 있으며 흡연 인구는 2001년 11억 명에서 2025년에 16억 명이 될 것으로 전망된다.

담배를 쉽게 끊지 못하는 것은 니코틴의 중독성 때문이다. 니코틴은 뇌의 신경세포로 하여금 도파민을 분비하게 한다. 도파민은 쾌락과 관련된 화학물질이다. 요컨대 담배가 쾌락을 제공하므로 금연이 쉽지 않은 것이다. 니코틴이 진정제인 헤로인이나 마취제인 코카인보다 중독성이 더 강력한 것으로 알려졌다. 따라서 흡연자들이 갖가지 방법으로 금연을 시도하지만 대부분 실패할 수밖에 없는 것이다.

그럼에도 불구하고 각국의 보건당국은 획일적인 규제와 벌금 위주의 금연정책에 의존하고 있기 때문에 소기의 성과를 거두지 못하고 있다. 다시 말해서 무조건 금연을 강요하는 것만이 능사는 아니라는 것이다.

일방적인 금연정책보다는 담배의 해악을 극소화하는 전략으로 흡연문제를 해결한 나라는 스웨덴이다. 2000년까지 흡연자 비율을 인구의 20%로 낮추자는 세계보건기구(WHO)의 제안을 충족시킨 유일한 나라이다. 이는 스너스(snus)라는 제품 덕분이다.

스너스를 입 안에 물고 있으면 니코틴이 피 속으로 직접 방출되기 때문에 발암물질에 노출될 염려가 없다. 이 덕분인지 스웨덴 남자들은 유럽에서 폐암 발생률이 가장 낮은 것으로 나타났다. 스너스가 흡연문제의 궁극적인 해결책이 될 수는 없지만 인간의 의지만으로 금연이 불가능한 경우 차선책이 될 수는 있을 것 같다.

최초의 복제아기 이브

　　현생인류(호모 사피엔스)의 운명에 중대한 의미를 지닌 세 번째 이브가 출현한 것 같다. 지난 12월 26일 태어난 것으로 알려진 최초의 인간복제 아기는 '이브'라 명명된 몸무게 3.2kg의 여아이다. 복제아기를 만들어낸 클로네이드의 브리지트 부아셀리에 박사에 따르면 이브는 복제양 돌리처럼 체세포 핵치환 기술로 복제된 것으로 보인다.

　　첫 번째 이브는 하느님이 창조한 최초의 여자이다. 기독교에서는 이브가 뱀의 유혹에 넘어가 금단의 열매를 따먹고 아담에게도 권했기 때문에 에덴 동산에서 쫓겨났다고 설명한다. 이브의 타락으로 인류는 억제할 수 없는 성적 충동을 느끼고 성교 행위를 부끄럽게 여기게 된다. 결국 이브와 아담의 후손인 인류는 누구나 원죄 의식을 갖고 태어날 수밖에 없다는 것이다.

　　두 번째 이브는 과학자들이 주장하는 현생인류의 어머니이다. 미국의 앨런 윌슨 교수는 세포 내 소기관인 미토콘드리아 유전자를 세계 곳곳에서 수집해 분석하고, 현생인류의 조상은 대략 20만 년 전에 아프리카에 생존했던 여자라는 결론을 얻었다. 윌슨은 이 여인을 이브라고 불렀다. 요컨대 현생인류의 조상은 아프리카에서 시작된 흑인종이었으며 나중에 세계 도처로 퍼져나가 지역에 따라 상이한 인종적 특성이 출현하면서 백인종도 되고 황인종도 되었다는 것이다.

30살 미국 여성의 체세포로 복제된 세 번째 이브는 생명공학의 발달로 인류가 자초한 재앙이다. 복제아기는 우선 전통적인 가족 개념을 파괴하는 무서운 존재이다. 복제된 아기와 산모 사이의 관계를 설정할 수 없을 정도이기 때문이다. 산모의 제왕절개수술로 태어났으므로 모녀 사이가 되지만 유전적으로 동일한 쌍둥이 자매라고 해야 타당한 것이다.

이처럼 복제아기는 인류의 정체성과 존엄성을 부정하는 윤리적 문제를 안고 있음에도 불구하고 클로네이드가 인간복제에 발 벗고 나서는 까닭은 유사 종교 단체인 라엘리언 무브먼트가 운영하는 회사이기 때문이다. 라엘리언은 나른 행성에서 날아온 외계인늘이 지구의 생명체를 복제했다고 믿는다. 비행접시 따위를 신봉하는 집단이 첨단과학을 악용하여 인류의 존엄성에 도전한다는 것은 정말 아이러니가 아닐 수 없다.

더욱이 이탈리아의 세베리노 안티노리 박사는 이달에 세르비아에서 복제된 남자 아기가 태어날 것이라고 호언한다. 아담의 출현이 임박한 것이다. 이제 과학자들은 옷깃을 여미고 과학의 의미를 되새겨 볼 때이다.

황금알 낳는 우주 관광시장

우주 관광여행이 황금시장으로 떠오르고 있다. 우주 관광은 기술적으로 아무런 문제가 없고 단지 요금이 부담이 될 따름이기 때문이다.

우주 관광은 2001년에 시작되어 두 사람이 다녀왔다. 돈을 내고 우주에 들어간 첫 번째 인물은 미국의 백만장자인 데니스 티토. 나이는 60살. 2001년 4월 러시아 우주선인 소유스를 타고 국제우주정거장(ISS)에 들러 1주일가량 머물면서 우주를 구경했다.

두 번째로 우주 관광을 다녀온 행운아는 남아프리카공화국의 갑부인 마크 서틀워스. 나이는 28살. 2002년 4월 티토와 같은 방법으로 우주 여행을 했다. 두 사람 모두 우주 관광요금으로 2천만 달러(약 240억 원)를 지불하였다.

이들의 우주 관광을 주선한 회사는 미국의 스페이스 어드벤처이다. 스페이스 어드벤처는 2005년 초까지 소유스에 두 자리를 확보해놓고 손님을 기다리고 있다. 만일 청춘남녀가 신청하면 우주 공간에서 결혼식을 올리고 열흘 동안 신혼생활을 즐길 수 있다. 그러나 신혼부부가 국제우주정거장에서 첫날밤을 치르지는 못할 것 같다. 우주에서 섹스를 할 수 없는 조건을 감수하고 두 사람 비용인 480억 원을 선뜻 내던

질 젊은이들이 나타날지 두고 볼 일이다.

오늘날 우주 관광여행은 부자들의 돈잔치에 불과하다. 보통 사람들은 엄청난 요금 때문에 그저 하늘만 쳐다볼 수밖에 없다. 많은 사람들은 국제우주정거장에 가지 못하더라도 잠깐이나마

우주 공간에 떠 있는 순간을 꿈꾼다. 이들을 위해 새로운 개념의 우주 관광이 개발되고 있다. ‘궤도 밑 우주여행’이라 불리는 관광상품이다.

이 상품은 말 그대로 관광객을 태운 우주선을 우주정거장이 있는 궤도까지 올리지 않고 지구의 대기권이 끝나는 100km 고도에서 운행시킨다. 이 고도에서 관광객들은 몇 분 동안 마이크로중력의 짜릿한 기분을 맛볼 수 있다. 마이크로중력이란 인력이 거의 없는 상태이다. 궤도 밑 우주여행은 우주선을 우주정서상에 보내지 않기 때문에 비용이 비교할 수 없을 정도로 적게 든다. 일인당 요금은 5만~10만 달러로 예상된다. 미국의 백만장자 450명을 대상으로 실시한 조사에 따르면 우주정거장으로의 관광여행을 희망하는 사람은 2011년에 30명, 2017년 45명, 2021년 60명으로 나타났다.

한편 궤도 밑 우주여행은 2021년에 1만 5,000명이 즐기게 될 것으로 전망된다. 2021년 한 해 시장 규모가 10억 달러가 될 정도로 우주 관광 시장은 급성장할 조짐이다.

뇌 지문 감식, 거짓말도 보여요

무슨 무슨 게이트로 불리는 각종 의혹사건이 꼬리를 물면서 온통 나라가 시끌벅적하다. 검찰의 수사 상황을 지켜보고 있노라면 인간이 타고난 거짓말쟁이라는 주장에 동의하지 않을 수 없다. 말하자면 우리는 누구나 태어날 때 이미 거짓말하는 능력을 갖고 있다는 것이다.

피노키오는 거짓말을 하면 코가 길어진다. 사람 역시 피노키오처럼 반응을 나타낸다는 전제 아래 개발된 장치가 거짓말 탐지기로 알려진 '폴리그래프'이다. 이는 맥박, 혈압, 땀, 호흡 따위의 생리적 변화를 측정하는 여행가방 크기의 장치이다. 사람이 거짓말을 하면 정서 불안으로 이러한 생리적 변화가 발생하기 때문에 거짓말 여부의 판단이 가능하다고 보는 것이다. 폴리그래프는 1920년대부터 거의 유일무이한 거짓말 탐지기술로 사용되었지만 신뢰성에 대한 시비가 끊이지 않고 있다. 냉정한 거짓말쟁이가 무죄로, 결백하지만 신경이 예민한 사람이 유죄로 뒤바뀔 가능성이 많기 때문이다.

따라서 정서 반응 대신에 인지 과정을 이용하는 거짓말 탐지방법이 모색되었다. 대표적인 것은 미국의 데이비드 라이켄 교수가 제안한 유죄 지식 검사(Guilty Knowledge Test)이다. 범죄를 저지른 사람은 그의

뇌 안에 범행에 관련된 정보가 저장되어 있으므로 뇌 안을 뒤져 유죄의 단서를 찾아내야 한다는 발상이다. 이를테면 범죄를 계획, 실행, 기억하는 것은 뇌이기 때문에 뇌 안에 유죄의 증거가 있을 수밖에 없다는 뜻이다. 문제는 뇌 안에 숨겨진 유죄 지식의 흔적을 추적하는 방법이다. 가장 주목받는 기술은 미국의 로렌스 파웰이 '뇌 지문 감식'이라고 명명한 것이다. 피검사자의 머리 위에 10여 개의 미세전극이 내장된 장치를 씌우고 범죄 장면을 컴퓨터 화면으로 보여주면서 뇌의 반응을 검사하는 방법이다. 피검사자가 범죄를 부인하려 들고 심지어 범죄를 기억조차 하기 싫어할지라도 뇌가 주인을 배반해서 범행을 자백하게 될 것으로 기대한다.

파웰의 뇌 지문 감식은 뇌파를 이용한다. 뇌는 익숙한 그림이나 글자를 지각할 때 'P300'이라고 명명된 뇌파가 발생한다. 요컨대 이 뇌파의 존재 유무로 범인 여부를 가려낸다. 파웰은 이 연구 결과를 1991년 학술지에 발표했으나 별다른 주목을 받지 못했는데, 2001년 들어 갑자기 국제적인 관심사가 되었다. 1978년 당시 17살의 흑인이 살인죄로 종신형을 살게 된 사건에 대해 20여 년이 지난 시점에서 P300 조사 결과를 제시해 무죄를 주장했기 때문이다.

라엘을 환대한 국내 언론

최초의 인간복제를 주장해 온 세상 사람들을 경악시킨 라엘리언 무브먼트는 외계인과 비행접시의 존재를 의심하지 않는 종교단체이다.

미국에서는 비행접시 현상을 신봉한 종교집단이 여러 차례 사회적 물의를 일으켰다. 이들은 신약성서의 요한 계시록에 그려진 천년왕국의 도래를 날마다 고대했다. 천년왕국이란 선과 악의 대결전(아마겟돈)이 벌어진 뒤 예수가 재림하여 1천 년 동안 통치하는 왕국을 뜻한다.

요컨대 천년왕국주의는 세상의 종말이 임박했으며 풍요롭고 성스러운 새 세상이 올 것이라고 믿는다. 이러한 종말론자들은 하느님이 보낸 비행접시를 타고 천국으로 들어가게 되길 간절히 소망한다. 말하자면 비행접시는 성경에 등장하는 하느님의 마차인 셈이다(시편 68장 17절).

비행접시를 믿는 종파가 종말론자라는 사실은 미국에서 발생한 몇

몇 종교집단의 비극적인 말로를 이해하는 단서가 된다.

1978년 11월 가이아나의 고립된 농경사회인 존스타운에서 인민사원 추종자 900여 명이 제임스 존스 목사의 명령에 따라 독약이 든 음료를 마시고 죽었다. 존스 목사는 미국 서부에 인민사원을 세우고 가난하고 소외받는 사람들에게 구원과 해방을 가져다주는 존재로 군림했지만 결국 가이아나의 밀림으로 쫓겨나 집단자살을 선택한 것이다.

1993년 4월에는 미국 연방정부군이 텍사스주 웨이코에 있는 카멜산을 급습해 종교단체를 완전히 섬멸하는 희대의 사건이 발생했다. 카멜산은 나무집으로 이루어진 생활공동체이다. 천년왕국주의자들이 불법 무기를 은닉했기 때문에 정부 군대가 51일 동안 포위한 끝에 카멜산을 공격한 것인데, 건물이 불타면서 순식간에 70여 명의 신도가 죽었다. 이들 역시 천사들이 비행접시에 태워 하늘로 데려갈 것이라고 확신했다.

1994년 9월 태양템플기사단의 회원 50여 명이 스위스와 캐나다에서 일부는 자살하고 일부는 잔인하게 살해되었다. 이들 또한 천년왕국주의자들이며 비행접시를 중요히게 여겼다.

1997년 3월에는 미국에서 비행접시가 자신들을 천국의 문으로 안내할 것이라고 믿은 헤븐스 게이트 신도 39명이 함께 자살했다. 이들은 자신들의 우두머리를 외계인이라고 생각했다.

2001년 8월 라엘이 서울에 나타났을 때 국내 언론은 융숭한 대접을 했다. 9일 동안 무려 40여 개 언론매체가 인터뷰를 가졌다. 비행접시 따위를 신봉하고 인간복제를 호언한 라엘에게 국내 언론이 호의를 보인 것은 한국사회의 정신상태에 문제가 있어서는 아닐까.

최초의 사이보그 가족

베리칩에 대해 미국 식품의약국(FDA)이 뜻밖의 결정을 내림에 따라 기대와 우려의 목소리가 교차하고 있다. 베리칩은 2002년 미국의 어플라이드 디지털 솔루션스(ADS)사가 선보인 컴퓨터 칩이다. 길이 12mm, 너비 2.1mm로 크기가 쌀알만해서 보통 주사기를 통해 간단히 팔의 피부 밑에 이식할 수 있다.

베리칩은 실리콘 메모리와 무선 송수신 장치로 구성되어 있으므로 스캐너로 칩 안에 저장된 정보를 판독해 외부로 전송할 수 있다. 칩의 삽입 비용은 200달러 선이며 스캐너는 1,000~3,000달러이다. 베리칩의 수명은 20년 정도로 기대된다.

베리칩에는 칩을 이식한 사람의 신원과 질병 이력에 관한 정보가 담겨 있다. 따라서 응급 상황, 이를테면 환자가 의식을 잃은 경우에 의사들은 베리칩에 저장된 정보를 판독해서 환자의 이름, 전화번호, 질병 기록 따위를 신속히 파악할 수 있다.

2002년 5월 베리칩을 최초로 이식하여 '칩 가족'이라는 별명이 붙은 미국 플로리다의 제이콥스 가족은 베리칩이 응급 상황에서 크게 도움이 될 것이라고 확신한다.

중학생 아들의 제안으로 일가족 3명 모두 베리칩을 이식한 까닭은

중병에 시달리던 아버지가 교통사고로 병원에 실려 갔을 때 의사에게
자신의 상태를 설명하지 못해 목숨을 잃을 뻔한 적이 있었기 때문이다.
제이콥스 가족은 인류 역사상 최초의 사이보그 가족으로 기록된다.

어플라이드 디지털 솔루션스사는 수년 안에 베리칩에 인체의 건강
상태를 알려주는 혈압, 혈당, 체온 등을 감지하는 센서를 부착할 예정
이다. 또한 지구 위치파악 시스템(GPS)과 연결하여 개인의 행방을 추
적하는 기능을 추가할 계획인 것으로 알려져 있다.

이러한 상황에서 2002년 10월 미국 식품의약국은 뜻밖에도 베리칩
에 대한 조건부 규제를 발표했다. 베리칩이 신원 확인과 안전에 사용될
경우에는 식품의약국의 규제 대상에서 제외되는 것으로 결정한 것이
다. 다시 말해 베리칩이 인체에 이식되는 장치임에도 불구하고 의학적
용도가 아니면 식품의약국의 규제를 받지 않게 됨에 따라 베리칩의 대
중화가 급속도로 진행될 것 같다.

브라질처럼 유괴 범죄가 빈발하는 나라에서는 부자와 권력자들에게
베리칩을 이식하면 범인 추적이 용이할 것이라고 크게 반색하지만, 일
부 사생활 보호 운동가들은 정부기관이나 기업
체에서 베리칩 사용이 권장될 경우 감시체
제가 강화될 것을 벌써부터 걱정하
고 있다.

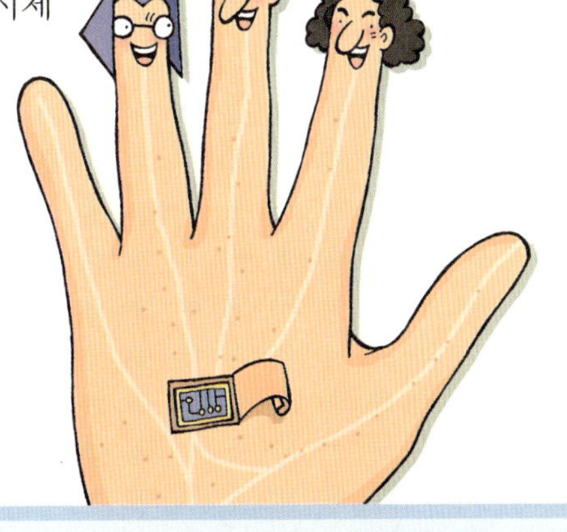

바다 속의 괴물 거대 오징어

      2001년 12월 미국 국립자연사박물관을 비롯한 세계적 연구소의 과학자들은 몸 길이가 7m에 달하는 거대한 오징어를 목격했다고 발표했다. 1998년 대서양의 바다 밑 4km에서 처음 발견된 후로 태평양과 인도양에서도 여러 차례 모습을 드러냈다고 밝혔다.

  거대한 오징어는 신화, 전설 또는 우화에 가장 많이 등장하는 괴물이다. 2400년 전 그리스 철학자인 아리스토텔레스는 바다 위로 나와 스페인 해안 마을의 양어 연못으로 기어 들어간 거대 오징어에 관한 기록을 남겼다.

  1755년 저명한 박물학자인 에리크 폰토피단(1698~1764) 주교는 『노르웨이의 자연사』라는 저서에서 거대 오징어를 동물 세계에서 가장 큰 괴물이라고 언급하고 다음과 같이 묘사했다.

  "노르웨이 앞바다에 나타나는 거대 오징어는 크라켄(kraken)

이라 불린다. 크라켄은 너무 커서 사람 눈으로 전체 모습을 볼 수 없을 뿐만 아니라 크라켄을 목격한 선원은 정신적 충격을 받기 일쑤이다. 크라켄의 몸 둘레는 2.4km가량 된다. 첫눈에는 해초에 둘러싸인 여러 개의 작은 섬인 것처럼 보인다."

크라켄은 바다 깊은 곳에 머물지만 가끔 수면 위로 모습을 드러낸다. 선원들은 섬으로 착각한 나머지 크라켄의 몸뚱이에 닻을 정박하고 불을 지피게 마련이다. 크라켄이 놀라 즉시 잠수하면 거대한 소용돌이가 생기면서 배가 뒤집히고 선원들은 익사한다. 때때로 크라켄은 머리에 달린 가시로 배 전체를 물밑으로 끌어내린다.

크라켄보다 작은 거대 오징어의 사체는 여러 차례 발견되었다. 1639년 아이슬란드 해변에서 거대 오징어의 견본으로 신뢰할 만한 것이 처음 목격되었다. 파도에 밀려온 사체의 촉수는 길이가 9m 정도였다.

1840년대부터 거대 오징어를 과학적으로 연구하기 시작했다. 그 후로 죽었거나 죽어가고 있는 거대 오징어가 해변에서 발견되었다는 보고가 잇따랐다.

거대 오징어는 동물학자들에게는 특수한 존재였다. 왜냐하면 그것이 어디에 있는지는 알고 있었지만 그것에 관해 아는 것이 별로 없었기 때문이다. 그만큼 거대 오징어는 완벽하게 숨어 있다고 말할 수 있다. 따라서 이번에 거대 오징어의 실체를 밝혀낸 과학자들의 연구는 높이 평가할 만하다.

지구 표면의 3분의 2는 바다이고 깊이는 17.7km나 된다. 거대한 바다 속에 크라켄처럼 정체를 알 수 없는 괴물들이 살고 있을지 누가 알랴.

참고자료 | 미국 국립자연사박물관 홈페이지 www.mnh.si.edu
『신비동물원』 이인식 지음, 김영사 펴냄

살인 로봇에게 무공훈장을

3월에 미국 국방성(펜타곤)은 로봇 자동차 경주대회를 개최한다. 출전 자격은 사람의 도움을 받지 않고 스스로 상황을 판단하여 장애물을 피해 갈 줄 아는 무인 차량에게만 주어진다. 로봇 자동차들은 우승 상금 100만 달러를 거머쥐기 위해 로스앤젤레스에서 라스베이거스에 이르는 483km 구간을 10시간 안에 완주해야 한다.

로봇 자동차는 펜타곤이 심혈을 기울여 개발을 시도한 무인 병기의 일종이다. 대표적인 무인 병기로는 무인 항공기와 무인 지상차량을 꼽는다.

2003년 3월 미국은 '충격과 공포' 작전으로 이라크를 침공할 때 무인 항공기로 톡톡히 재미를 보았다. 낮은 고도에 중거리용인 프레데터와 높은 고도에 장거리용인 글로벌 호크가 위력을 떨쳤다. 이들은 원격 조종된다.

한편 펜타곤은 사람에 의해 조종되는 무인 항공기와 달리 사람처럼 행동하는 무인 병기를 개발했다. 1985년부터 연구에 착수한 무인 지상차량(ALV)을 말한다. 이 무인 차량은 지상에서 스스로 정찰 임무를 수행하고, 장애물을 피해 가면서 목표물을 공격할 수 있는 로봇 탱크이다. 초기에는 바퀴를 사용하지만 궁극적으로는 다리를 달아줄 계획이다. 말하자면 사람처럼 걸어다니는 컴퓨터 보병을 꿈꾸는 것이다. 따라서 미국 언론들은 이 무인 차량을 '살인 로봇' 이라고 불렀다.

펜타곤은 이러한 보행 기계가, 표범이나 사자와 같은 포유동물이 사냥감을 발견하고 슬그머니 접근하는 정도의 행동을 보여줄 수 있을 것으로 전망한다. 동물의 공격적인 본능을 가진 살인 로봇끼리 사람을 대신해 육박전을 벌이게 될 것을 기대한 셈이라고나 할까.

어쨌든 펜타곤은 '내브랩' 이라는 이름의 무인 차량을 개발했다. 내브랩은 군용 트럭을 개조한 로봇 자동차이다. 내브랩은 두 종류의 눈, 즉 차량 꼭대기에 설치된 비디오 카메라와 차체 앞에 달린 레이저 거리 측정기를 사용하여 도로와 목표물을 인식한다. 두 센서가 감지한 이미지를 받아 인공지능 컴퓨터가 주행에 관한 모든 판단을 내린다. 내브랩은 스스로 정찰 또는 공격 임무를 수행하는 자율 로봇이다.

로봇 자동차의 출현은 싸움터에서 사람이 사라지고 무자비한 로봇 무기기 주역으로 등장할 날이 머지않았음을 상징적으로 보여준다. 일각에서는 무공훈장이 군인보다는 로봇공학 전문가, 나아가서는 지능을 가진 살인 로봇의 몫이 될 것이라고 비꼬기도 한다.

숫자 4를 두려워 마세요

오늘처럼 4일째 되는 날에는 한자문화권에 사는 사람들, 곧 중국인, 일본인, 한국인이 심장병 또는 심장발작으로 죽을 확률이 여느 때보다 높다는 연구 결과가 나왔다. 《영국의학저널》에 발표된 논문에서 미국 연구진들은 4라는 숫자가 죽음을 의미하는 한자(死)와 발음이 같기 때문에 중국이나 일본의 병원에 4층 또는 4라는 숫자가 들어간 병실 번호가 없는 경우가 적지 않다는 사실을 상기시키면서 이처럼 4를 재수 없는 숫자라고 믿는 데서 야기된 스트레스로 말미암아 미국의 중국계와 일본계 사람들이 매달 4일째 되는 날 심장병으로 죽는 비율이 다른 날보다 7% 더 높은 것으로 나타났다고 밝혔다.

4가 죽음을 상징한다고 생각하는 것은 물론 터무니없는 미신이다. 4는 완전성, 전체성, 질서, 합리성을 상징한다. 4에서 비롯되는 것으로는 동서남북의 4가지 기본방위, 4계절,

정사각형의 4변, 십자가의 4개의 팔 등이 있다. 그리스도교에서 4는 4복음서, 4명의 대천사, 4대 교부, 4대 예언자 등을 뜻한다. 불교에서는 마음의 네 가지 방향인 4무량심이 있으며, 경남 양산 통도사의 목조사천왕상처럼 동서남북에 4천왕을 둔다. 동양에서는 4종류의 영적인 짐승인 4신과 4령이 있다. 4령은 청룡, 백호, 주작, 현무, 4신은 기린, 봉황, 거북, 용이다.

숫자 4에 대한 동양인의 미신에 착안한 미국 연구진들은 1973년 1월부터 1998년 12월까지 26년 동안에 사망한 4,700만 명의 백인과 20만 명의 중국 및 일본계 미국인들의 자료를 뒤져 사망 원인을 분석했다. 그 결과 중국 및 일본계 미국인들이 심장병으로 죽은 확률이 매달 4일째 되는 날에 여느 때보다 7% 높은 것으로 밝혀진 것이다.

특히 캘리포니아에 사는 사람들의 사망률이 가장 높았다. 이 지역은 화교를 비롯해 동양인들이 사는 곳이기 때문에 이 연구 결과의 신빙성을 더욱 높여주었다.

미국 연구진들은 4일에 동양인들의 사망률이 높은 현상을 일러 '바스커빌 효과(Baskerville effect)'라고 명명했다. 영국의 작가 코난 도일의 추리소설인 『바스커빌 가문의 개』에서 따온 말이다. 이 소설의 주인공은 무서운 개와 맞섰으나 극도의 스트레스를 받아 결국 심장마비를 일으키게 된다.

오늘 같은 4일에 죽음이 연상되어 스트레스를 받는 사람들이 있다면 명상이나 기도, 심호흡 또는 가벼운 운동으로 이완반응을 불러일으킬 필요가 있겠다.

우주여행은 아무나 하나

지난 1월 31일 우주여행을 희망하는 사람들이 갖춰야 할 조건을 명시한 지침이 발표되었다. 국제우주정거장(ISS) 건설의 핵심 국가인 미국, 러시아, 캐나다, 일본 등은 1년여의 토의 끝에 완성한 이 지침에서 모든 우주여행 신청자에 대해 엄격한 신원조회를 해야 한다고 못박았다. 이것은 미국 정부가 직원을 채용할 때 실시하는 신원 확인과 유사한 것으로 알려졌다. 범죄자, 마약 중독자, 미심쩍은 과거를 가진 사람에 대해서는 우주여행이 원천봉쇄되었다. 우주여행자는 반드시 소정의 훈련을 이수하도록 규정하고 영어로 의사소통이 가능해야 한다고 강조했다.

우주여행자 지침이 제정될 정도로 일반인들이 우주관광을 하는 시대가 성큼 다가온 것은 국제우주정거장 덕분이다. 16개국이 공동으로 600억 달러를 들어 건설하고 있다. 1998년 러시아와 미국이 각각 발사한 모듈(우주정거장의 구성단위)을 우주 공간에서 우주비행사들이 조립하는 데 성공함에 따라 국제우주정거장의 역사적인 가동이 시작되었다.

2000년 11월에는 우주정거장에 처음으로 상주할 3명의 승무원이 러시아의 소유스 로켓을 타고 도착했다. 2005년 계획대로 완성되면 우주정거장의 무게는 460t, 본체 길이는 100m가 넘어 미식 축구장만한 규모가 될 것 같다. 15명이 탑승 가능하므로 과학자들이 몇 개월씩 상주하면서 각종 실험과 연구를 하게 됨은 물론이고 우주 관광객들도 다녀가게 될 전망이다.

우주여행은 이미 시작되었다. 우주비행사가 아닌 민간인으로서 첫 우주여행의 영예를 안은 행운의 주인공은 미국의 백만장자인 데니스 티토라는 60살 된 노인이다. 2001년 4월 2천만 달러를 지불하고 러시아의 소유스 우주선에 실려 우주정거장에 도착했다. 1주일가량 체류하며 우주를 구경했다. 사진도 찍고 음악도 들었다.

미국은 러시아가 돈을 받고 민간인을 우주정기장에 실어 나르는 계획에 대해 반대한다. 전문지식이 없는 민간인들이 우주정거장을 훼손할 가능성이 높기 때문이다. 이를 계기로 국제우주정거장 건설의 핵심 국가들이 서둘러 만든 것이 이번에 발표된 우주여행 지침이다.

러시아는 2002년 4월 두 번째로 우주관광에 나설 28살의 남아프리카 공화국 갑부를 국제우주정거장에 실어 나를 계획이다. 이어서 2003년에 미국 텔레비전의 게임 프로그램에서 우승하는 사람 두 명을 소유스에 태워 우주관광을 시키는 계약을 체결한 것으로 알려지고 있다.

하이젠베르크는 거짓말을 했을까

지난 2월 6일 덴마크의 닐스 보어 문헌보관소(NBA)는 보어(1885~1962)가 1941년 9월 코펜하겐으로 찾아온 베르너 하이젠베르크(1901~1976)와 주고받은 대화의 내용을 소상히 기록해둔 문서를 공개했다. 보어 가족들은 이 문서를 2012년까지 공개하지 않을 계획이었으나 나치의 원자탄 개발에 참여했던 하이젠베르크의 행적을 놓고 전개되는 논쟁에 마침표를 찍기 위해 일정을 앞당겨 발표한 것이라고 밝혔다.

독일 태생의 하이젠베르크는 26살이 되던 1927년 불확정성 원리를 발표하여 양자역학의 기틀을 마련했다. 노벨상을 받고 나서 1939년 여름 미국을 방문한 그는 역시 노벨상을 받았으며 그와 동갑인 이탈리아 출신의 엔리코 페르미로부터 미국으로의 망명 권유를 받는다. 그러나 그는 미국 친지들의 만류를 뿌리치고 독일로 돌아간다. 2차 세계대전 중에는 나치의 핵무기 개발을 주도한다. 1942년부터 미국과 독일은 원자폭탄 개발경쟁을 벌인 결과 미국은 1945년 우라늄과 플루토늄으로 만든 두 개의 폭탄을 일본에 투하하여 항복을 받아내지만 나치는 핵무기를 개발하지 못하고 연합군 앞에 무릎을 꿇게 된다.

1942년 당시 우라늄 연구에서 미국에 결코 뒤지지 않은 나치가 원자탄 개발에서 실패한 이유는 여러 가지가 지적된다. 히틀러가 전쟁의 승리를 확신했기 때문에 원자탄 개발에 전력투구하지 않았다는 분석도 있고, 미국은 맨해튼 계획처럼 거대한 계획을 효율적으로 추진할 만한 여건을 갖추고 있었지만 나치는 그렇지 못했다는 분석도 있다.

한편에서는 나치가 핵무기를 만들지 못한 결정적인 이유로 핵무기 개발에 참여한 독일 과학자들의 은밀한 방해 공작을 꼽는다. 하이젠베르크를 중심으로 양심적인 과학자들이 태업을 했기 때문에 나치가 핵무기 개발에 실패했다는 것이다. 하이젠베르크의 인품으로 보아 충분히 그럴 만한 인물이라고 생각하는 사람들이 많았을 뿐더러 하이젠베르크 자신도 그러한 주장을 했다. 가령 1957년 출간된 오스트리아의 문명비평가인 로베르트 융크의 저서에서 하이젠베르크는 나치의 핵개발에 소극적으로 협조했다고 털어놓았다. 하이젠베르크는 확실히 존경받을 만한 과학자이자 사상가였다.

그러나 이번에 공개된 보어의 편지에는 정반대의 이야기가 나온다. 하이젠베르크에게 보내려고 쓴 편지에서 보어는 1941년 옛 스승을 찾아와서 원자무기 개발에 자신감을 피력했던 사실을 상기시키고 있다. 이제 남은 것은 역사적 진실을 밝혀내는 일이다.

유비쿼터스 컴퓨팅 시대 온다

제3의 컴퓨터 물결이 밀려온다. 메인프레임, 퍼스널 컴퓨터에 이어 유비쿼터스 컴퓨팅 시대가 다가오고 있다. 영어를 줄여 유비컴이라 불러도 무방할 성싶다. 유비컴은 말 그대로 컴퓨터가 어디에나 퍼져 있다는 뜻에서 편재컴퓨팅이라고 한다.

편재컴퓨팅은 한마디로 컴퓨터를 눈앞에서 사라지게 하는 기술이다. 실로 천을 짜듯 컴퓨터가 의식주의 모든 수단에 파고들기 때문에 사람들은 컴퓨터를 더 이상 컴퓨터로 생각하지 않게 되는 것이다. 요컨대 편재컴퓨팅 시대에는 컴퓨터가 도처에 존재하면서 동시에 보이지 않게 된다.

유비컴 기술의 성패는 신발, 옷감, 손목시계 등 필수품을 비롯해서 커피잔이나 돼지고기 조각에까지 장착이 가능할 정도로 작은, 태그(꼬리표)처럼 생긴 컴퓨터의 개발 여부에 달려 있다.

유비컴 시대가 되면 주변의 모든 물건이 지능을 갖는다. 영리한 물건들은 스스로 생각하고 사람의

도움 없이 임무를 수행한다. 이를테면 돼지고기에 숨겨둔 컴퓨터 태그는 오븐 안에서 스스로 온도를 조절해 고기가 알맞게 익도록 한다. 피하주사 바늘은 환자 손목에 달린 태그로부터 신원을 확인하여 알레르기가 있다면 바늘 끝을 붉게 물들여 의사에게 알린다.

유비컴의 세계에서는 지능을 가진 물건과 사람 사이의 정보 교환이 무엇보다 중요하다. 따라서 사람은 컴퓨터가 내장된 옷을 입게 된다. 이른바 입는 컴퓨터가 필요한 것이다. 사람이 착용한 시계, 혁대 장식, 운동화 따위에 컴퓨터가 장착되면 주변 환경에 설치된 컴퓨터와 통신하여 일상생활을 더욱 편리하게 해줄 것으로 기대된다. 예컨대 손목시계에 내장된 컴퓨터의 고유 정보를 사용하여 출입문, 캐비닛, 서랍을 자동으로 여닫을 수 있다.

유비컴은 사람과 물건 사이뿐만 아니라 사람과 사람 사이의 의사소통도 원활하게 해줄 것 같다. 가령 입는 컴퓨터를 걸친 사람끼리 악수하면 손을 통해 정보가 건네지므로 피차간에 직장 이름, 사무실 전화번호, 취미 따위를 즉시 교환할 수 있다.

유비컴 기술의 최대 골칫거리는 사생활 보호 문제이다. 당신이 이른 새벽 컴퓨터에게 커피 두 잔을 주문하면 컴퓨터는 밤을 함께 보낸 손님이 있음을 눈치채고 집 앞에 주차된 자동차 번호로 손님의 신분을 파악한다. 만일 당신이 기혼자이고 손님이 묘령의 아가씨라면 당신은 컴퓨터가 알고 있는 정보를 비밀로 하고 싶을 터이다.

포도주는 심장병에 좋다

샤토 도작, 샤블리, 까베르네 쇼비뇽, 샤도네이. 우리나라 포도주 애호가들이 즐겨 찾는 명품의 이름이다. 앞의 두 개는 프랑스산이고 나머지 두 개는 미국산이다.

2002년 포도주 수입량이 무려 160만 상자가 될 정도로 우리나라가 포도주의 황금시장으로 떠오름에 따라 프랑스, 독일, 스페인, 이탈리아, 포르투갈 등으로 국한되어 있던 수입국이 칠레, 오스트레일리아, 남아공, 캐나다, 미국 등으로 다변화되고 있다. 그러나 국가별 수입량은 프랑스가 절반 이상을 점유한다.

프랑스는 포도주의 종주국답게 '프렌치 패러독스(프랑스인의 역설)'란 말이 있을 정도이다. 프랑스인들은 다른 나라 사람들 못지않게 담배를 즐기고 기름진 음식을 많이 섭취함에도 불구하고 심장질환을 앓는 비율이 상대적으로 낮게 나타나는데, 이러한 현상을 일러 프렌치 패러독스라고 한다. 프렌치 패러독스의 핵심 요인으로는 붉은 포도주(레드 와인)가 손꼽힌다. 프랑스인들이 식사할 때 습관적으로 마시는 붉은 포도주 덕분에 심장질환에 잘 걸리지 않는다는 것이다. 그러나 프렌치 패러독스는 오랫동안 과학자들이 풀지 못한 수수께끼로 남아 있었다.

2001년 영국의 연구진들은 처음으로 프렌치 패러독스를 과학적으로 설명했다. 일반적으로 적당량의 알코올을 규칙적으로 섭취하면 심장병 예방에 도움이 되는 것으로 밝혀졌다. 그런데 붉은 포도주는 다량의 폴리페놀을 함유하고 있기 때문에 다른 음료보다 심장질환 예방 효과가 훨씬 더 강력한 것으로 밝혀진 것이다.

폴리페놀은 혈액 속의 자유기를 제거하는 산화방지제이다. 자유기는 강력한 산화제로서 자동차가 휘발유를 연소할 때 배출하는 매연처럼 신체가 에너지를 사용할 때 부산물로 내놓는 유독물질이다. 자유기는 자동차의 쇠를 산화시켜 갉아먹는 녹처럼 거의 모든 생체분자를 산화시켜 세포를 손상시킨다. 세포가 자유기의 공격을 물리칠 능력을 상실하면 인체는 병들고 늙게 된다. 요컨대 붉은 포도주의 폴리페놀 성분 덕분에 프랑스인들은 심장질환에 덜 걸리게 된다는 것이다.

2002년 12월 프랑스의 양조업자들은 폴리페놀이 많은 하얀 포도를 사용하여 붉은 포도주 양조법으로 빚어낸 백포도주를 개발했다. 심장병에 특효기 탁월함을 강조하기 위해 패러독스 블랑(하얀 패러독스)이라고 명명했다.

포도주는 불고기나 생선구이와 같은 한식에도 잘 어울리는 술이다. 포도주 잔을 기울이며 보신탕을 즐기는 한국 남자들을 보면 브리지트 바르도는 어떤 표정을 지을까.

사람과 컴퓨터의 체스 시합

사람처럼 생각하는 기계의 개발을 시도하는 학문으로 인공지능이 깃발을 치켜든 것은 1956년 여름이다. 그로부터 50년 가까이 지났지만 인공지능의 목표가 실현될 가능성은 별로 높아 보이지 않는다. 그 이유는 자명하다. 사람처럼 보고 듣고 말하고 생각하는 컴퓨터를 개발하려면 사람의 뇌를 본떠야 함에도 우리가 아직 뇌의 신비를 완전히 이해하지 못하고 있기 때문이다.

인공지능은 의사나 체스 선수 등 특정분야 전문가들의 문제해결 능력을 본뜬 컴퓨터 프로그램, 곧 전문가 시스템의 개발에는 성과를 거두었지만 보통 사람들이 일상생활에서 겪는 문제를 처리하는 능력을 프로그램으로 실현하는 데는 한계를 드러내고 있다. 아무나 알 수 없는 것(전문지식)은 소프트웨어로 흉내내기 쉬운 반면에 누구나 알고 있는 것(상식)은 그렇지 않다는 사실이 밝혀진 셈이다. 왜냐하면 전문지식은 단기간 훈련으로 습득이 가능하지만 상식은 살아가면서 경험을 통해 획득한 엄청난 규모의 지식과 정보를 차곡차곡 쌓아놓은 것이기 때문이다.

이런 상황에서 사람과 컴퓨터의 머리싸움은 전문가 시스템에 국한될 수밖에 없다. 대표적인 승부는 3차에 걸친 사람과 인공지능의 체스 시합이다.

첫 번째 대결은 1997년 게리 카스파로프(33)와 딥 블루의 명승부. 카스파로프는 러시아 출신으로 22살에 최연소 세계 챔피언에 올라 1500년 체스 역사상 최고의 선수로 평가받은 인물. 딥 블루는 미국 IBM사가 개발한 슈퍼컴퓨터로 초당 2억 가지의 수를 읽는 능력 보유. 전적은 6전 1승3무2패로 카스파로프의 패배. 인간과 기계의 첫 머리싸움에서 딥 블루가 승리함에 따라 온 세계가 경악했다.

두 번째 대결은 2002년 블라디미르 크람니크(27)와 딥 프리츠의 승부. 러시아 출신인 크람니크는 2000년에 15년 동안 세계 챔피언으로 군림한 카스파로프로부터 타이틀을 빼앗은 유망주. 독일 회사가 개발한 딥 프리츠는 초당 400만 개의 수를 읽는 노트북 컴퓨터용의 체스 프로그램에 불과했으나 크람니크는 스승의 패배를 설욕하지 못했다. 전적은 2승4무2패로 무승부.

세 번째 대결은 2003년 초에 개최된 카스파로프와 딥 주니어의 경기. 이스라엘에서 개발된 딥 주니어는 딥 블루보다 100배가량 수를 읽는 속도가 느리다. 그러나 카스파로프는 명예 회복에 실패했다. 전적은 1승4무1패로 무승부.

벌써부터 네 번째 대결이 기다려질 만큼 인간과 기계의 머리싸움은 점입가경이다.

참여정부의 과학기술 정책

내일 노무현 대통령의 참여정부가 출범한다. 이제 역사 속으로 사라지는 김대중 정부의 과학기술 정책에 대한 평가가 어떻게 내려질지 궁금하지 않을 수 없다. 가장 중요한 평가 기준은 대선 공약의 추진 실적이다. 5년 전 김 대통령이 내건 과학기술 정책의 대선 공약은 '과학기술 대국과 정보 주도 국가 구현' 으로 요약된다.

김 대통령의 과학기술 입국 의지를 천명한 첫 번째 공약은 국가과학기술위원회의 신설이다. 1999년 대통령을 위원장으로 하는 같은 이름의 조직이 설치되었다. 과학기술을 범부처적으로 기획, 조정, 심의하는 제도적 장치가 마련된 셈이다.

과학기술계의 최대 관심사였던 두 번째 공약은 연구개발 예산을 정부 예산 대비 5%로 증액한다는 것이었다. 이 공약은 선진국에서도 선례를 찾아보기 힘들 정도로 의욕적인 것이었지만 목표가 달성되었다.

그 밖에도 인터넷 강국을 만들어 정보 주도 국가 구현의 공약을 실천했다. 그러나 기술집약적 벤처기업을 육성하는 시책에서 시행착오가 적지 않았으며, 우수한 젊은이들의 이공계 기피현상에 대해 처방전을 제시하지 못하였다.

김 대통령이 과학기술정책에서 실패한 대통령으로 폄하될 가능성은 낮아 보인다. 하지만 그렇다고 해서 박정희, 전두환 등 군인 출신은 과학기술 정책을 성공적으로 펼쳤지만 김영삼, 김대중 등 문민 출신은 과학기술 육성에 전력투구하지 않았다고 생각하는 과학기술자들의 고정관념을 극복하는 데 성공했다고 평가될 가능성은 높아 보이지 않는다. 어쨌든 과학기술자들은 김대중 대통령을 지식기반사회 구축을 위해 노력한 인물로 기억할 것이다.

노무현 정부는 과학기술 중심 사회 구축을 4대 국정과제의 하나로 정하고 청와대에 정보과학기술 보좌관을 두는 등 과학기술 입국에 대한 강력한 의지를 표명하고 나섰다. 국민소득 2만 달러 시대를 달성하기 위한 핵심 견인차로서 과학기술의 중요성을 강조한 것은 21세기를 여는 첫 번째 정권으로서 참여정부가 나아갈 방향을 제대로 설정한 정책의 하나로 높이 평가할 만하다.

그러나 일반국민은 물론 과학기술계에서 조차 '과학기술 중심 사회'의 개념을 제대로 파악하고 있는 사람이 드문 실정이다. 한 가지 분명한 사실은 과학기술 중심 사회가 반드시 과학기술자들만이 핵심 역할을 하는 사회가 아니라는 점이다. 이를테면 '국민의, 국민에 의한, 국민을 위한 과학기술'이 중심이 되는 사회를 구축하려면 우리 모두가 과학기술에 관심을 가져야 할 것 같다.

바보 같은 똑똑이는 누구인가

레슬리 렘케는 14살 때 텔레비전 영화에서 차이코프스키의 피아노 협주곡 1번을 처음 듣고 몇 시간 뒤에 똑같이 연주했다. 그는 피아노 연주를 한 번도 배운 적이 없는 소년이었다. 그 후로 여러 콘서트에서 수천 곡을 연주했으며 작곡도 했다. 렘케는 뇌성마비와 정신지체로 고통받았으며 시각 장애인이었다.

킴 피크는 7,600권 이상의 책을 송두리째 암기한 걸어다니는 백과사전이었다. 미국 전역의 우편번호, 각 도시와 시골로 이어진 고속도로 번호 등을 암송할 정도였다.

생일을 말해주면 그날이 무슨 요일이었는지, 가령 65살 되는 생일은 무슨 요일이 될 것인지 금방 알아냈다.

피크는 정신박약자였다. 그는 영화 〈레인 맨〉에서 더스틴 호프만이 열연한 주인공의 모델이다.

렘케나 피크처럼 뇌성마비나 정신지체 등에 의한 발달 장애를 갖고 있음에도 예술적 재능이나 기억력이 뛰어난 현상을 '석학 증후군'이라고 한다. 석학 증후군은 지능지수가 40~70인 사람에게 발생한다. 자폐증을 가진 사람 10명 중에 한 명, 뇌에 손상을 입었거나 정신박약인 사람 2,000명 중에 한 명꼴로 석학 증후군이 나타난다.

석학 증후군이 과학 문헌에 처음 소개된 것은 1789년이며, 1887년 이런 사람들을 가리키는 용어인 '바보 똑똑이(idiot savant)'가 만들어졌다. 이 용어는 오늘날 사용되지 않고 있다.

석학 증후군에 대해서는 풀리지 않은 수수께끼가 아직 많다. 현재까지 가장 그럴 법하게 석학 증후군의 원인을 설명한 이론은 뇌가 좌반구에 손상을 입을 경우 이를 보상하기 위해 뇌의 우반구에 특수한 재능이 나타나게 된다는 것이다. 일반적으로 우반구는 공간지각 능력이 뛰어나 예술활동에 주요한 역할을 하는 반면, 좌반구는 언어, 논리, 추리적 계산에 능숙한 것으로 여겨진다.

이러한 좌반구 가설은 여러 연구 결과에 의해 갈수록 많은 시사를 받고 있다. 특히 자폐증 환자의 대부분이 좌반구에 손상을 입은 것으로 밝혀짐에 따라 이 가설은 설득력을 얻고 있다.

한편 치매 증상을 보인 사람 중에서 석학 증후군이 돌연히 출현한다는 흥미로운 연구 결과가 나왔다. 이 연구는 정상적인 사람들도 석학 증후군을 나타낼 가능성을 지니고 있다는 의미를 함축한 것일 수 있다. 따라서 연구진들은 우리 모두의 머릿속에 숨어 있을지도 모르는 '레인 맨'을 찾아내는 작업을 시도하고 있다.

공학 대중화에 나설 때

과학기술, 과학 대중화라는 말을 많이 들어본 사람들도 공학기술, 공학 대중화라는 표현은 낯설게 여길 것 같다.

과학과 공학을 구별하는 가장 손쉬운 방법은 대학의 이공계 학과 분류 방식이다. 이과계열에는 물리학, 생물학, 천문학이 있고 공과계열에는 토목공학, 전자공학, 화학공학이 포함된다. 이과의 학문은 과학, 공과의 학문은 공학에 해당된다.

우리 사회에서는 과학과 공학을 뭉뚱그려 과학기술이라 부른다. 그러나 과학 대중화를 부르짖는 사람들의 머릿속에는 공학이란 개념 자체가 들어 있지 않다. 예컨대 과학기술 대중화를 위해 국민 세금으로 운영되는 한국과학문화재단에서도 공학보다는 과학 중심의 사업을 추진하고 있다. 출판시장 역시 이른바 교양과학 도서 일색이다. 교양공학 도서는 헨리 페트로스키의 저서 등 몇몇 번역서를 제외하곤 거의 찾아볼 수 없는 실정이다.

미국의 토목공학 교수이자 저명한 공학 칼럼니스트인 페트로스키는 『인간과 공학이야기』(1985)에서 "공학이란 창조적이며 분석적인 인간의 노력이 들어가므로 예술과 과학이 가진 특성을 모두 지니고 있다"고 말하면서 공학자(엔지니어)를 한편으로는 예술가, 다른 한편으로는 과학자에 비유한다. 페트로스키는 광산 엔지니어 출신으로 미국의 31대 대통령을 지낸 허버트 후버의 말을 인용한다.

후버는 "엔지니어는 위대한 직업이다. 공학은 돈, 금속, 에너지를 쓸모 있게 한다. 게다가 공학은 사람들에게 직업과 집을 제공한다. 또한 공학은 생활수준을 높이고 삶을 안락하게 만든다. 이는 엔지니어만이 가질 수 있는 특권이다"라고 말한다. 하지만 엔지니어는 "의사가 하는 일과는 달리 자기 실수를 무덤에 묻어버릴 수 없고, 정치가처럼 상대방을 비난하여 자기 약점을 가릴 수도 없는" 존재인 것이다.

오늘날 한국 젊은이들의 이공계 기피현상을 안타까워하는 사람들일수록 페트로스키가 엔지니어를 묘사한 대목을 읽으면서 출세 지상주의로 치닫는 한국 사회에 모멸감을 느낄 터이다. 엔지니어가 대접받지 못하는 사회에는 미래가 없으니까.

이제 공학 대중화의 중요성은 자명해졌다. 출판계도 내용이 엇비슷한 교양과학 도서를 그만 찍어내고 공학 도서시장에 눈을 돌릴 때가 된 것 같다. 일상생활과 동떨어진 내용의 과학 도서시장이 공학 도서로 판갈이되길 바라는 마음 간절하다.

미토콘드리아는 자연의 타임캡슐

사람의 세포 안에 존재하는 소기관 중에서 미토콘드리아만큼 여러 분야에 활용되는 것은 드물다. 미토콘드리아는 산소를 호흡하여 사람의 활동에 필요한 에너지의 90%를 생산하는 세포의 발전소 구실을 한다.

모든 세포에는 수백여 개의 미토콘드리아가 세포핵의 외부에 존재한다. 한 개의 미토콘드리아는 여러 개의 디옥시리보핵산(DNA)을 갖고 있다. 한 개의 미토콘드리아 DNA에는 37개의 유전자가 들어 있다. 미토콘드리아가 핵 밖에 존재하면서 세포핵처럼 고유의 유전자를 갖고 있음에 따라 그 기원에 대해 이론이 분분하다. 가장 설득력이 높은 것은 미국 생물학자인 린 마굴리스가 진핵(眞核)세포의 기원을 독특하게 풀이한 세포공생설이다.

생물은 세포 안에 핵이 없는 원핵생물(박테리아)과 핵을 가진 진핵생물(박테리아를 제외한 모든 생물)로 구분된다.

마굴리스에 따르면, 약 20억 년 전 우리 몸 안에 들어온 박테리아가 미토콘드리아로 자리를 잡게 된다. 결국 세포는 박테리아로부터 에너지를 공급받고 그 대신에 박테리아는 먹이와 서식처를 제공받는 공생관계가 성립되어 진핵세포가 형성되었다는 것이다. 요컨대 미토콘드리아의 조상은 박테리아인 셈이다.

미토콘드리아 DNA는 핵 DNA와 다른 특성이 두 가지가 있다. 먼저 핵 DNA는 양친으로부터 자식에게 유전되지만 미토콘드리아 DNA는 오로지 어머니에 의해 후손에 전달된다. 또한 미토콘드리아 DNA는 핵 DNA보다 10배가량 빨리 돌연변이를 일으킨다. 이러한 미토콘드리아의 특성에 착안하여 현생인류의 기원을 찾아 나선 인물은 뉴질랜드 태생으로 미국에서 활약한 앨런 윌슨 교수이다.

윌슨은 세계 곳곳에서 수집한 미토콘드리아 DNA를 분석하여 모계 혈통의 가계도를 완성했다. 나무 모양의 가계도를 그린 까닭은 현생인류의 조상이 되는 여자가 뿌리에 나타나게 되기 때문이다. 윌슨은 이 여인을 '이브'라고 불렀다.

이브는 대략 20만 년 전에 아프리카에 생존했던 여자로 추정된다. 아프리카가 에덴 동산인 셈이다. 현생인류의 조상은 아프리카에서 시작된 흑인종이었으며, 나중에 세계 곳곳으로 퍼져 나가 지역에 따라 상이한 인종적 특성이 출현하면서 백인종도 되고 황인종도 되었다는 것이다.

미토콘드리아 DNA는 자연의 타임캡슐이다. 오래전에 사라진 세계의 소식을 전해주는 우편배달부이므로.

퓨전바람 과학기술에도 분다

음식에서 음악까지 문화 전반에 걸쳐 퓨전(융합) 현상은 낯설지 않다. 퓨전 요리나 퓨전 재즈처럼 서로 다른 것들을 섞어서 새로운 것을 만들어내는 융합은 새로운 문화 창조의 원동력이 되고 있다. 서로 다른 문화 영역을 아우르고 장르 사이의 벽을 뛰어넘는 융합현상이 시대적 흐름이 된 까닭은 상상력과 창조성을 극대화할 수 있는 수단으로 여겨지기 때문이다.

이런 맥락에서 과학기술에 나타나고 있는 융합화 추세는 바람직한 현상이라 아니할 수 없다. 세계 시장에서 경쟁력을 지닌 신기술과 신제품을 창출하기 위해서 기술 융합은 효과적인 전략으로 평가된다. 따라서 전통산업과 첨단산업, 첨단기술과 첨단기술 사이의 경계를 넘나드는 퓨전 바람이 거세게 몰아치고 있는 것이다.

전통산업에 첨단기술을 접목시킨 대표적 융합기술은 자동차 텔레매틱스이다. 텔레매틱스는 자동차, 항공기, 선박 등의 운송 수단과 외부의 정보 센터를 연결하여 각종 정보를 주고받을 수 있게 하는 기술이다. 특히 자동차에 장착되는 컴퓨터(마이크로프로세서)의 수가 늘어나면서 자동차가 지능화됨에 따라 자동차 텔레매틱스가 새로운 기술로 부상했다. 이를 계기로 자동차 회사는 제조업에서 서비스업으로 활동

영역을 확장하게 되었다.

첨단기술 사이의 융합은 더욱 활발하게 진행되고 있다. 가령 정보기술과 생명공학기술은 인간 게놈 프로젝트를 추진하는 과정에서 융합 학문인 생물정보학 (바이오 인포매틱스)을

탄생시켰다. 생물정보학은 컴퓨터를 이용해 생물학적 문제를 해결하려는 분야이다. 컴퓨터가 없었더라면 인간 게놈 프로젝트가 성공할 수 없었다는 점으로 미루어 볼 때 생물정보학은 가능성이 무한하다.

또한 생명공학기술은 나노기술과 제휴하여 바이오나노기술을 창출했다. 나노기술을 이용하여 생명체를 구성하는 물질을 나노미터 크기이 수준에서 조작할 수 있으므로 바이오나노기술은 사람을 실병과 노화의 굴레로부터 해방시켜줄 것으로 기대를 모으고 있다. 가령 피 속에서 바이러스를 격퇴하는 나노로봇의 개발이 시도된다.

기술융합의 시대는 기존의 학문 체계로 대처할 수 없다. 학제간 연구를 위한 새로운 틀이 필요한 것이다. 최근 서울대는 2005년 초 착공, 2006년 말 개원을 목표로 가칭 '차세대 융합기술원(AIFT)'을 설립할 계획임을 밝혔다. 뒤늦은 감이 없지 않지만 크게 환영할 만한 일이다.

3월의
과학나라

죽음 너머를 엿본 사람들 I 천재와 바보 똑똑
이 I 가톨릭교회와 인터넷 I 지구 생명체 외계
에서 왔을까 I 이라크 노리는 첨단 폭탄 I 킨제
이 보고서 발간 50돌 I 옴진리교 교주의 재판
I 세계 최초의 뇌 보철 장치 I 열화우라늄 폭탄
의 저주 I 촛불시위를 어떻게 이해할 것인가 I
세상을 바꾼 아마추어 과학자들 I 사람이 암수
로 발전한 까닭은 I 말이 필요 없는 세상이 올
까 I 21세기에도 문명 거부는 계속된다

죽음 너머를 엿본 사람들

인류는 죽음이 불가피한 것임을 인정하면서도 죽음이 모든 것에 대한 종말임을 인정하려 들지 않는다. 사후의 영생을 약속하는 종교가 번창하는 것도 그 때문이다. 그러나 무덤 저쪽의 세계를 과학적으로 탐구하는 시도는 거의 없었다. 죽은 사람은 말이 없으므로.

과학자들이 죽음의 과정에 관심을 갖게 된 계기는 임사체험(NDE : Near Death Experience) 연구이다. 미국 정신과 의사인 레이먼드 무디가 만든 이 용어는 죽음의 문턱까지 갔다가 살아남은 사람들이 죽음 너머의 세계를 엿본 신비스러운 체험을 의미한다. 1975년 그가 펴낸 『삶 이후의 삶』은 300만 부 이상 팔렸다. 사망 선고를 받고 소생한 환자들의 임사체험 사례가 집대성된 책이다.

임사체험은 다섯 가지 요소가 똑같은 순서로 발생하는 경향이 있다. 다섯 단계는 △평화로운 감정 △유체 이탈 경험 △터널 같은 어둠으로 들어가는 기분 △빛의 발견 △빛 쪽을 향해 들어가는 단계 등이다. 마지막 단계에서 죽은 가족이나 친구는 물론이고 빛을 발하는 전능한 존재를 만난다. 결국 임사체험자는 아직 마무리하지 못한 삶을 완성하기 위해 육신이 있는 이승으로 되돌아가도록 권유받는다. 중요한 것은 임사체험자들이 이승으로의 복귀를 별로 달가워하지 않는다는 사실이다. 저승이 낙원이어서일까, 아니면 이승이 고해여서일까.

1982년 갤럽조사에 따르면 미국의 성인 800만 명, 즉 20명에 한 명 꼴로 적어도 한 번 임사체험을 한 것으로 나타났다. 많은 사람들이 비웃음을 살까 두려워할 필요없이 임사체험을 털어놓음에 따라 사후의 삶에 대한 증거가 보강되는 듯했지만 과학자들은 죽어가는 사람의 뇌에 산소가 결핍되어 발생하는 환각일 따름이라고 일소에 부쳤다.

물론 환각이론에 허점이 없는 것은 아니다. 먼저 환각은 대개 사람이 의식이 있을 때 생기지만 임사체험은 무의식 상태에서 발생하게 마련이다. 또한 뇌의 산소결핍으로 발생하는 환각은 혼란스럽고 두려움을 동반하지만 임사체험은 생생하며 평화로운 감정을 수반한다.

최근 네덜란드 의료진들은 이러한 환각이론이 옳지 않음을 입증한 논문을 발표했다. 심장마비 뒤에 의식을 회복한 평균 62살의 환자 344명 중에서 18%만이 임사체험을 보고했기 때문이다. 임사체험이 뇌의 산소결핍에서 비롯된 환각이라면 모든 환자가 반드시 임사체험을 했어야 된다는 뜻이다. 결국 이들의 연구는 임사체험이 의학적으로 설명하기 어려운 현상임을 재확인한 셈이다.

천재와 바보 똑똑이

　　운보 김기창(1914~2001) 화백의 1주기를 기념하여 고인의 독보적인 작품세계를 엿볼 수 있는 전시회가 덕수궁 국립현대미술관에서 열리고 있다. 운보는 일곱 살 때 장티푸스로 청각을 잃고 파란만장한 삶을 살았지만 활달한 붓놀림으로 한국화의 새로운 경지를 개척한 천재였다. 전시회 명칭으로 '바보천재 운보 그림전'이라 붙인 것도 그 때문이다.

　　바보천재란 말은 심리학 용어인 '바보 똑똑이(idiot savant)'를 연상시킨다. 특수한 재능을 지닌 정신발육 지체자, 즉 어떤 한 분야에서는 아주 뛰어나지만 다른 분야에서는 두드러지게 능력이 부족한 사람을 바보 똑똑이라 이른다.

　　이들은 지능지수가 바보 수준일 정도로 정신발달이 지체되어 있기 때문에 자폐적인 성향을 나타낸다. 자폐증은 타인과의 교섭을 싫어하며 소망이나 고뇌 따위를 마음속에 묻어둔 채 자기만의 세계에 틀어박히는 정신병의

일종이다. 출생 후 첫 3년 동안 뇌가 놀라운 속도로 성장할 때 신경세포들이 비정상적으로 연결되면 자폐증이 나타나는 것으로 여겨진다.

많은 자폐 청소년들은 음악 연주, 그림 그리기, 계산 능력 등에서 두드러진 재능을 보여주지만 언어 능력과 대인 지능이 뒤떨어진다. 대인 지능은 타인의 욕구와 의도를 이해하고 타인과 효과적으로 일을 할 수 있는 능력이다.

가장 유명한 바보 똑똑이는 더스틴 호프만이 1988년 출연한 영화 〈레인 맨〉의 주인공이다. 그는 "1,234,567,890은 무엇에 무엇을 곱한 것인가"라는 질문에 즉시 "137,174,210에 9를 곱한 것"이라고 대답한다. 8,388,628을 몇 초만에 24회까지 곱해 140,737,488,355,328이라고 맞춘 바보 똑똑이도 있다. 이처럼 바보 똑똑이들은 자신이 강점을 지닌 분야에서만은 천재와 맞먹는다.

천재들은 특정한 영역에서 자폐아들처럼 비범한 능력을 보여주지만 다른 영역에서는 보통 사람들처럼 평균 정도의 재능을 갖고 있을 따름이다. 불균형적인 재능을 가졌다는 측면에서는 천재와 바보 똑똑이는 오십보 백보인 셈이다. 불균형적인 재능을 가진 대표적인 천재는 토머스 에디슨이다. 발명왕답게 1,093종의 특허권을 획득했으나 어린 시절 언어 학습에 큰 곤란을 겪었다.

운보 예술의 백미는 '바보산수'이다. 전통 민화를 현대적으로 조형화하여 해학이 넘치는 이 작품들은 바보가 그린 듯한 그림이라고 해서 운보 스스로 바보산수라고 이름 붙인 것이다. 요컨대 운보는 바보 똑똑이가 아니라 진짜 천재였다.

가톨릭교회와 인터넷

2월 22일 교황청 사회홍보평의회는 인터넷에 대한 가톨릭교회의 입장을 밝힌 문헌 두 개를 발표했다. 하나는 인터넷이 교회의 사목활동에 사용될 가능성과 잠재력을 평가한 《교회와 인터넷》이고 다른 하나는 인터넷의 확산에 따라 야기되는 윤리적 문제들에 대해 교회의 지침을 제시한 《인터넷 윤리》이다.

가톨릭교회는 전통적으로 매스미디어에 대해 긍정적인 접근방법을 견지했다. 가령 1971년 발표된 교서에서 미디어는 신의 뜻에 따라 사람들을 형제애로 결합시켜 구원받게 하기 때문에 '신의 선물'이라고 강조했다. 교황 요한 바오로 2세는 미디어를 '현대 최초의 아레오파구스(Areopagus)'라고 불렀다. 미디어를 고대 아테네의 최고재판소에 비유한 까닭은 미디어가 가톨릭교회의 가르침을 단순히 전달하는 데 그치지 않고 삶에 대한 인류의 사고에 지대한 영향을 미친다고 보았기 때문이다.

가톨릭교회는 미디어에 대한 우호적인 입장의 연장선상에서 인터넷을 수용한다. 먼저 《교회와 인터넷》은 인터넷이 종교적 측면에서 이로운 점이 적지 않다는 것을 강조한다. 우선 인터넷은 다른 미디어처럼 교회의 움직임에 관한 정보를 신자들에게 전달하므로 복음 전파의 수단으로 효과적이다. 게다가 인터넷은 다른 미디어와 달리 직접적이고 즉각적이며 상호작용하는 쌍방향적 특성을 갖고 있기 때문에 신자들의 신앙생활에 많은 편의를 제공한다. 인터넷으로 교회에 관한 각종 자료를 자유자재로 검색할 수 있으며 낯선 사람과 전자우편을 주고 받으면서 종교적 유대를 맺을 수도 있다는 것이다.

특히 젊은이들이나 인터넷이 아니면 복음 전파가 쉽지 않은 사람들, 예컨대 거동이 불편한 노인들, 벽지나 낙도의 주민들, 다른 종교의 신자들에게 접근할 기회를 제공하므로 가톨릭교회의 구성원들은 인터넷을 능숙하게 활용할 수 있어야 한다고 강조한다.

《인터넷 윤리》에서는 다른 종교나 민족을 공격하는 증오 사이트의 출현에 대해 심각한 우려를 표명하고 어린이 포르노의 범람 등 기존의 윤리적 문제들뿐만 아니라 정보 격차, 인터넷을 통한 서구문화의 지배, 표현과 사상의 자유 등 다양한 사회적 문제에 대해 교회의 견해를 표명하고 있다.

가톨릭교회는 인터넷이 사목 활동을 효과적으로 지원하고 신앙생활을 풍요롭게 해주는 수단이라고 평가하면서도 물리적인 교회 공동체 생활이나 직접적인 복음 전도를 대신할 수 없음을 상기시키는 것을 빠뜨리지 않았다.

지구 생명체 외계에서 왔을까

스웨덴의 화학자 스반테 아레니우스(1859~1927)와 영국의 물리학자 프랜시스 크릭(1916~)은 두 가지 공통점을 갖고 있다. 하나는 노벨상 수상 경력이다. 아레니우스는 1903년에, 크릭은 1962년에 노벨상을 받았다. 다른 하나는 생명의 기원에 관한 독특한 이론이다.

1901년 아레니우스는 판스페르미아(Panspermia) 이론이라 불리는 지구 생명의 외계 기원설을 창시했다. 그는 생명이 지구에서 생겨난 것이 아니라 은하수의 다른 떠돌이별로부터 날아온 박테리아 포자가 생명의 씨앗 구실을 했다고 주장했다. 그러나 아레니우스의 이론을 지지하는 과학자들은 거의 없었다. 우주 공간에서 박테리아 포자가 우주선이나 태양의 자외선을 견뎌내고 살아남아 지구로 날아올 확률이 거의 없다고 여겼기 때문이다.

판스페르미아 이론과는 별개로 과학자들은 태양계 안에 원시생물이 존재할 가능성을 포기하지 않았다. 1969년 오스트레일리아에 떨어진 별똥(운석)에서 지구 위에 살고 있는 생명체의 기본 구성단위인 아미노산이 발견됨에 따라 외계 생명의 존재 가능성이 높아진 것은 물론이고 판스페르미아 이론까지 부활하였다. 외계 기원설을 부활시킨 대표적인 인물은 크릭과 프레드 호일이다. 1973년 크릭은 지구를 끊임없이 감시하고 있는 외계 문명사회에 의해 지구 생명의 씨앗이 된 최초의 미생물이 특수 우주선에 실려 지구에 보내졌다는 이론을 펼쳤다. 노벨상을 받은 학자의 주장이 아니었다면 일고의 가치도 없는 황당무계한 발상임에 틀림없었다. 영국의 천문학자인 호일은 별들 사이에 떠도는 먼지에서 생명이 비롯된 뒤에 혜성에 의해 지구로 운반되었다고 주장했다.

최근 독일 항공우주센터는 우주 공간에서 태양의 자외선이 박테리아 포자에 끼치는 영향을 확인하는 실험을 실시했다. 러시아의 인공위성에서 5천만 개의 박테리아 포자를 우주 공간에 노출시킨 것이다. 살아 있는 유기체를 우주 안에 풀어놓은 최초의 실험이다.

실험 결과 박테리아 포자가 태양의 자외선 복사에 의해 대부분 죽은 것으로 확인되었다. 박테리아가 다른 떠돌이별에서 지구로 여행할 수 없음이 증명된 것이다. 하지만 연구진들은 박테리아 포자를 찰흙 따위와 섞어 지름이 1cm인 덩어리로 만들어 우주 공간에 노출시켰는데, 5천만 개 중에서 1만~10만 개가 생존한 것으로 밝혀졌다. 다른 떠돌이별, 가령 화성으로부터 생명체가 박테리아 형태로 운석에 묻어 지구에 도달할 수 있음이 입증된 셈이다.

이라크 노리는 첨단 폭탄

미국이 국제적인 반대 여론이 비등함에도 이라크와 전쟁을 벌일 준비를 착착 진행함에 따라 새롭게 선보일 첨단무기에 관심이 쏠리고 있다. 미국이 기대를 거는 대표적인 무기는 전자폭탄(e-폭탄)과 지구 위치 파악 시스템(GPS) 위성 유도 폭탄이다.

전자폭탄의 공식 명칭은 고전력 극초단파 빔(HPM)이다. 극초단파는 파장 1m 이하의 전자파, 곧 마이크로웨이브로서 레이더와 텔레비전에 이용된다. 고전력 극초단파 무기는 강한 마이크로웨이브를 방출하는 장치를 탄두에 실은 크루즈 미사일이다. 이 무기는 폭발하면서 20억 와트의 전력을 내뿜어 반경 330m 이내의 모든 전자장비를 파괴한다. 20억 와트는 미국의 후버댐이 24시간 동안 가동해야 생산할 수 있는 엄청난 규모의 전력량이다.

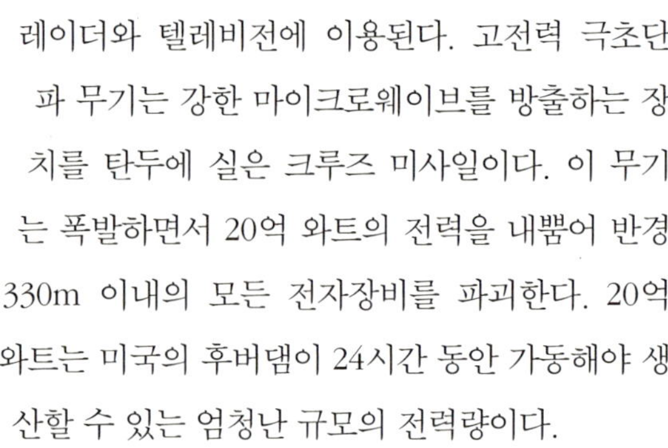

미국은 이라크 전쟁이 시작되면 첫날부터 사담 후세인 대통령의 지하 벙커 위로 고전력 극초단파 폭탄을 대량으로 투하하여 이라크군의 지휘 통제 시설을 마비시킬 수 있다고 확신한다. 수십

미터 땅속에 철근 콘크리트로 만든 벙커일지라도 전자폭탄이 내뿜는 강력한 에너지가 환기 통로나 안테나를 통해 벙커로 흘러들어가 컴퓨터와 통신장비의 전자회로를 모두 녹여버릴 것으로 예상된다. 군사전문가들은 전자폭탄이 인명을 살상하지 않고 전자장비만을 파괴하기 때문에 무기의 개념을 바꿔 놓은 것으로 평가한다.

한편 지구 위치 파악 시스템의 위성으로부터 지상 목표물의 위치에 관한 정보를 수신하여 정확하게 투하되는 폭탄은 아프가니스탄에 이어 이라크에서도 위력을 발휘할 것으로 전망된다.

종래의 정밀 유도 폭탄은 레이저를 이용한다. 그러나 레이저 유도 폭탄은 날씨 변화에 속수무책이고 제작 비용이 높아서 문제가 적지 않았다. 이러한 한계를 극복하기 위해 개발된 것이 GPS 위성 유도 폭탄이다.

이러한 폭탄은 보잉, 록히드 마틴, 레이시온 등 미국 방위산업체들이 다양하게 개발 중이다. 최초로 선보인 것은 1998년부터 군사작전에 투입된 보잉 사의 제품(JDAM)으로 미국이 2001년 9·11 동시다발 테러를 응징하기 위해 아프가니스탄을 맹폭할 때 대량으로 투하된 바 있다.

군사전문가들은 이러한 정밀 유도 폭탄으로 목표물을 정확히 겨냥할 수 있기 때문에 비행기 조종사의 부주의로 민간인의 생명을 해칠 가능성을 줄일 수 있다고 주장한다. 글쎄올시다. 그래도 폭탄은 폭탄인데.

킨제이 보고서 발간 50돌

　　3월초 미국에서는 『킨제이 보고서』 발간 50주년을 맞아 여성의 성생활을 주제로 하는 다양한 행사가 펼쳐졌다.

　　동물학 교수 출신인 알프레드 킨제이(1894~1956)는 성 연구를 하나의 과학으로 발전시킬 결심을 하고 성 행동에 관련된 자료를 수집했다.

　　그에 앞서 성과학 연구를 주도했던 인물은 독일의 마그누스 히르쉬펠트(1868~1935)이다. 그는 1919년 최초의 성과학연구소를 설립하고 다양한 질문으로 이루어진 설문지를 만들어 성 행동에 관한 사례를 수집했다. 그의 사례연구 방법은 성 문제 연구에 새로운 지평을 연 것으로 평가된다. 그러나 유대인이자 게이(동성애자)였던 그는 나치 정권이 들어서면서 공격의 과녁이 되었다. 결국 나치 정부는 1933년 그의 연구소를 폐쇄하고 자료를 불태워버렸다.

　　히르쉬펠트가 세상을 떠나고 나치 정권이 득세함에 따라 1940년대부터 성과학 연구의 주도권은 독일에서 미국으로 넘어가게 된다.

　　연구방법 역시 사례연구에서 표본조사 방식으로 바뀐다. 사례연구는 특정인을 대상으로 하는 반면에 표본조사는 불특정 다수를 대상으로 자료를 수집한다. 표본조사 방식으로 성과를 거둔 최초의 인물은 킨제이 교수이다.

그는 미국 전역에 걸쳐 1만 8,000명을 면접하여 얻은 1만 2,000건의 자료를 묶어 두 권의 책으로 펴냈다. 이른바 『킨제이 보고서』의 한 권(1948년)은 남자, 다른 한 권(1953년)은 여자의 성 행동에 관한 것이다. 『킨제이 보고서』는 성이

인간의 삶에 미치는 영향이 막중함을 밝혀냄으로써 미국인들의 성생활에 대한 고정관념을 파괴하고, 성문제를 학문적인 연구대상으로 격상시킨 계기를 마련했다.

이를테면 동성애를 한 번 이상 경험한 남성이 37%에 이르고, 여성의 절반 정도가 혼전에 성관계를 가졌으며, 26%의 유부녀가 혼외정사를 즐긴 것으로 나타남에 따라 미국 사회는 충격의 소용돌이에 빠졌다.

그러나 킨제이의 표본조사는 성 행동을 생리학적으로 설명하는 데 별로 도움이 되지 못했다. 가령 성적으로 흥분했을 때 신체의 변화를 당사자가 관찰할 수 없기 때문이다. 유일한 방법은 의료장비를 동원해 제3자가 성관계하는 장면을 직접 관찰하는 것이다.

이러한 방법으로 성과를 거둔 인물은 미국의 윌리엄 마스터즈와 버지니아 존슨이다. 이들이 1966년 펴낸 『인간의 성반응』은 성과학 연구의 금자탑으로 우뚝 솟아 있다.

참고자료 | 킨제이 연구소 홈페이지 www.kinseyinstitute.org
『이인식의 성과학탐사』 이인식 지음, 생각의나무 펴냄

옴진리교 교주의 재판

3월 20일이 되면 많은 일본인들은 1995년 그날의 악몽을 떠올리며 전율한다. 그날 월요일 아침 8시가 막 지났을 무렵 도쿄 지하철에 신흥종교 집단인 옴진리교 신도들이 독가스인 사린을 살포하여 출근자들이 구토하고 질식하는 참사가 발생했다. 5,500여 명이 병원에서 치료를 받고 12명이 숨졌다.

신경가스인 사린은 공중에 4~5kg만 퍼뜨려도 4~5분 안에 수십만 명을 살상할 수 있는 화학무기이다. 옴진리교 신도들이 사린가스를 다루는 기술이 미숙한 덕분에 사망자가 적었다고 한다.

옴진리교는 불교와 힌두교의 요가를 중심으로 서구의 점성술과 노스트라다무스(1503~1566)의 사상이 뒤섞인 일종의 계시종교이다. 교주는 1955년 다다미 자리를 짜는 기능공의 아들로 태어난 아사하라 쇼코이다. 그는 어릴 적에 녹내장을 앓다가 반은 장님이 되었으며 특수학교를 다녔다. 최고 명문인 도쿄 대학에 응시했으나 낙방했다. 요가 단체를 만들고 히말라야에서 고행 생활을 마치고 돌아온 뒤 1987년 32

살에 '최고 진리의 종교'라는 뜻을 지닌 옴진리교를 창시했다. 아사하라는 컴퓨터 가게, 우동 가게, 헬스클럽 등 사업을 벌여 돈을 벌었다.

여느 신흥종교 단체들처럼 옴진리교 역시 사회적 물의를 일으키며 법적 소송이 끊이지 않았다. 또한 옴진리교는 살인 행위가 살해자나 희생자 모두에게 영적인 은총을 내려준다고 믿었기 때문에 사람 죽이는 일에 양심의 가책을 느끼지 않았다. 약물 실험이나 처형으로 죽은 신도들이 적지 않은 것으로 알려졌다. 심지어 수십 명의 신도가 전자 레인지에서 타 죽었을 거라는 증언도 나왔다.

이처럼 음흉한 교주가 이끄는 폭력적인 집단이 대학교육까지 받은 20, 30대의 신도를 수천 명 거느릴 수 있었던 요인은 두 가지로 분석된다. 실적평가 위주인 교육제도에 짓눌리고, 1980년대의 기형적인 경제 성장에 혐오감을 느낀 젊은이들이 옴진리교의 현세 부정적인 계시신앙에 매료되었다는 것이다. 계시신앙은 인류가 세상의 끝에 가까이 왔다고 주장한다. 종말론을 신봉하는 종교 단체는 폭력적인 성향이 농후하다.

일본은 세계 비행접시 목격 건수의 4분의 1이 발생할 정도로 공중부양, 예언, 유령 따위의 초자연 현상에 관심이 많은 사회이다. 이런 풍토에서 옴진리교가 번성할 수밖에 없었는지 모른다.

지하철 독가스 살포 사건 직후 구속된 아사하라는 8년간의 지루한 공판 끝에 4월 하순 검찰 측 구형을 기다리고 있다. 사형 구형이 확정적이다.

세계 최초의 뇌 보철 장치

       뇌의 손상된 부위를 전자장치로 대체하는 기술이 마침내 실현되었다. 최근 미국의 신경과학자들은 세계 최초로 뇌 보철 장치를 개발해 실험에 착수했다. 이들은 해마의 기능을 대체할 수 있는 반도체 칩을 선보였다. 말하자면 인공 해마를 만들어낸 셈이다. 해마는 새로 학습한 내용을 장기 기억으로 넘기는 일을 한다. 장기 기억이란 몇 주 또는 몇 년 동안 지속되는 영구 기억의 한 형태이다. 해마 부위를 손상당한 사람은 심한 기억 상실증을 나타낸다.

  인체의 손상된 부위는 인공 장기와 신경 보철에 의해 부분적으로 보완되었지만 뇌 보철은 기술적으로 난관이 적지 않았기 때문에 이번 인공 해마의 개발은 획기적인 업적으로 평가될 만하다. 인공 해마 연구에는 10년 가까운 시간이 소요되었으며 미국 국방부 등 정부기관의 자금 지원을 받은 것으로 알려진다.

  미국 연구진들은 먼저 수액(뇌척수 용액) 안에 살아 있는 쥐의 뇌를 통째로 옮겨놓고 인공 해마의 기능을 시험할 계획이다. 이 실험에 성공하면 2단계로 살아 있는 쥐의 뇌에 반도체 칩을 이식하고 이어서 기억 훈련을 시킨 원숭이들을 대상으로 동일한 실험을 실시할 예정이다. 원숭이의 해마가 기능을 발휘하지 못하게 한 뒤 이 칩을 이식한 상태에서 동물의 행동 변화를 관찰하면 인공 해마가 제대로 기능을 수행하고 있는지 판단할 수 있을 것이다.

해마는 대부분의 포유동물에서 구조가 비슷하다. 따라서 인공 해마 연구진들은 동물실험에 사용된 기술을 거의 그대로 사람에게 적용하더라도 별 문제가 없을 것으로 낙관한다. 사람 뇌에 이 칩을 성공적으로 이식하면 알츠하이머병, 간질, 뇌졸중 따위로 뇌가 손상된 환자들의 고통을 줄여줄 수 있을 것으로 기대된다. 이를테면 인공 해마로 보철하면 새로운 정보를 기억하는 능력을 되찾을 수 있을 것이다.

뇌 보철 연구진들은 인공 해마의 성공 여부에 촉각을 곤두세우고 있다. 인공 해마가 뇌 보철의 시금석으로 간주되는 이유는 두 가지이다.

첫째, 해마는 뇌에서 전자장치로 가장 본뜨기 쉽고 가장 많이 연구된 부위이므로 인공 해마가 실패할 경우 뇌 보철은 당분간 기술적으로 실현하기 어려운 영역으로 남을 수밖에 없다.

둘째, 인공 해마는 뇌 보철의 윤리적 문제를 야기한다. 가령 인공 해마를 이식한 사람이 기억 능력을 스스로 제어할 수 없게 된다면 망각하는 능력까지 상실하게 되어 엄청난 정신적 고통을 치르게 될지도 모를 일이다.

열화우라늄 폭탄의 저주

미국이 '충격과 공포' 작전으로 이라크를 침공하는 장면을 텔레비전 생중계로 지켜보면서 첨단무기의 위력 앞에 전율하지 않은 사람은 없었을 것이다.

1991년 걸프전 때와 비교할 수 없을 정도로 성능이 개선된 토마호크 크루즈 미사일, 스텔스 폭격기, 무인 항공기(UAV), 전자폭탄, 정밀유도폭탄 등은 이라크 국민은 물론이고 전 세계를 충격과 공포 속으로 몰아넣고 있다. 군사전문가들은 이러한 첨단병기가 민간인의 희생을 최소화하고 전투 장비만을 무력화하기 위해 개발되었다는 측면에서 전쟁 개념을 바꿔놓았다고 분석한다.

한편 이라크 침공 주역인 미국과 영국의 언론은 이라크가 생화학 무기를 보유하고 있으므로 이라크 주민들에게 독가스 공격을 한 뒤 미국의 소행이라고 뒤집어씌울 가능성도 있다고 보도한다. 그러나 이라크 국민의 대다수는 걸프전에서 민간인에게 생화학 무기를 사용하는 전쟁범죄를 저지른 장본인은 미국 군대라고 믿고 있다.

1991년 미국 포병부대는 이라크의 장갑차

를 파괴하기 위해 100만 발의 디유(DU) 폭탄을 발사했다. 디유는 열화우라늄(depleted uranium), 곧 원자로 연료의 우라늄이 핵 분열을 마치고 남은 것을 의미한다. 열화우라늄 폭탄은 목표물에 부딪힐 때 열을 발생하여 연소시키기 때문에 장갑을 꿰뚫는 능력이 여느 폭탄보다 우수하다. 또한 이 열은 열화우라늄 폭탄을 작은 조각으로 분해시키는데, 방사능을 지닌 이 파편들은 땅, 물, 공기는 물론이고 사람을 오염시킨다. 사람의 경우 암을 유발시키며 임산부가 선천적 기형아를 낳게 하는 것으로 알려진다.

미국 국방부는 열화우라늄 폭탄의 위험을 잘 알고 있으므로 제조, 사용, 폐기를 엄격히 규제하고 있다. 그러나 걸프전에서 방사능을 지닌 열화우라늄 파편은 이라크 사막의 바람에 실려 사방으로 흩어지고 파괴된 장갑차에 파고들어 결국 환경을 오염시킬 수밖에 없었다.

물론 미국 국방부는 이러한 방사능 오염이 인체에 끼칠 영향은 대수롭지 않다고 주장하지만 이라크 사람들은 수도 바그다드에서 남부의 바스라까지 정부 관리, 의사, 시골 아낙네들 모두가 열화우라늄 파편이 암과 선천적 기형의 원인이라고 믿고 있다. 특히 바스라 지역에서는 암 발생률이 걸프전 이전보다 11배 높아졌다는 주장까지 제기되었다.

열화우라늄 폭탄을 둘러싼 양측의 첨예한 견해차는 미국이 후세인 정권 타도 후 넘어야 할 고비가 만만치 않음을 보여주는 상징적 사례임에 틀림없다.

촛불시위를 어떻게 이해할 것인가

국회의 대통령 탄핵소추안 가결 이후 탄핵반대 촛불집회가 곳곳에서 하루도 빠짐없이 열리고 있다. 2002년 여름에는 월드컵 축구 대표팀을 응원하는 붉은악마들이, 가을에는 미군 장갑차에 깔려 숨진 두 여중생을 추모하는 촛불행렬이 거리를 가득 메웠던 장면을 생생히 기억하고 있는 대한민국 사람들은 2004년 봄 10만 명을 웃도는 인파가 자발적으로 서울 광화문 일대에 몰려들어 촛불시위를 하는 광경을 지켜보면서 불가사의한 민중의 저력을 재확인했을 것이다.

이러한 군중 집회는 자기조직화 현상으로 볼 수 있다. 단순한 구성요소가 수많은 방식으로 상호작용하면서 자발적으로 질서를 형성하는 현상을 자기조직화라고 한다. 생명체, 사람의 뇌, 증권거래소, 국가 경제 등 대부분의 자연 및 사회 체계는 자기조직화 능력을 갖고 있다.

가령 생명체는 단백질 분자로 구성된다. 단백질 분자는 살아 있지 않지만 그들의 집합체인 생물은 살아 있다. 생명처럼 구성요소(단백질)가 개별적으로 갖지 못한 특성이나 행동이 구성요소를 함께 모아놓은 전체구조(생명체)에서 자발적으로 돌연히 출현하는 현상을 창발(emergence)이라 한다. 하위수준(구성요소)에 없는 특성이 상위수준(전체구조)에서 창발하는 것은 자기조직화 능력 때문이다.

　자기조직화 능력을 가진 현상은 전체가 그 부분들을 합쳐놓은 것보다 항상 크다. 이는 지난 3세기 동안 서양과학을 지배한 환원주의로는 도저히 이해할 수 없는 현상이다. 왜냐하면 전체를 구성요소로 나누어 분석하는 환원주의로는 구성요소의 상호작용에서 새로운 질서가 창발하는 현상을 설명할 수 없기 때문이다. 요컨대 환원주의를 거부하는 새로운 사고방식, 곧 창발적 세계관을 받아들이지 않고서는 자기조직화 현상을 이해할 수 없다.

　창발적 세계관은 기업경영에서 시민운동까지 여러 측면에 영향을 끼치고 있다. 예컨대 창발적 정치가 진보적 시민운동을 주도하는 추세이다. 분권적이며 정세 변화에 적응력이 높은 자기조직화 체제가 바로 진보적 대중운동이 필요로 하는 것이기 때문이다. 창발적 정치활동의 가능성을 보여준 대표적인 시민운동은 1999년 시애틀에서 있었던 세계무역기구(WTO) 반대 시위이다. 그들은 지도자도 없고, 독자적으로 활동한 소규모 집단으로 구성되었지만 놀라운 성과를 거두었다.

　여린 촛불이 모여 칠흑 같은 어둠을 걷어낼지 누가 알랴.

세상을 바꾼 아마추어 과학자들

지난 수세기 동안 위대한 업적을 성취한 과학의 개척자들 중에는 정규교육을 받지 못한 사람이 적지 않다. 고등 교육 기관에서 특정 학문 분야를 전문적으로 공부하지 않은 사람들은 아마추어 과학자라 불린다. 이들은 박사 학위가 없다는 이유로 기성 과학자들로부터 홀대를 받기도 했다.

독학으로 어느 과학자도 이루기 어려운 발견을 해낸 최초의 아마추어는 안톤 반 레벤후크(1632~1723)이다. 생계를 위해 포목상을 하며 네덜란드 밖으로 여행을 해본 적이 거의 없었고 과학 서적을 읽을 기회조차 없었지만 레벤후크는 현미경으로 밖에 볼 수 없는 미생물의 세계를 최초로 탐험한 인물로 기록된다. 그는 1677년 현미경으로 수컷의 정자를 발견했다.

18세기부터 과학교육을 받지 못했지만 독학으로 위대한 금자탑을 세운 과학자들이 나타나기 시작한다. 영국의

조지프 프리스틀리(1733~1804)는 취미 삼아 과학을 연구해서 그만큼 큰 성공을 거둔 사람은 역사상 찾아보기 어려울 정도로 유별난 아마추어이다. 호기심을 자극하는 것이라면 무엇이든지 연구한 프리스틀리는 마흔 살부터 화학을 혼자 공부해서 산소를 발견한다.

19세기에는 당대의 전문 과학자들이 제대로 구실을 하지 못하는 동안 몇몇 아마추어들이 위대한 발견을 했다. 영국의 험프리 데이비(1778~1829)는 가난한 집안에서 독학으로 화학을 공부해 웃음가스라 불리는 아산화질소를 발견한다. 미남으로 영국 상류사회의 인기를 독차지한 데이비의 강연을 듣고 과학자가 되기로 결심한 마이클 패러데이(1791~1867) 역시 데이비처럼 극빈 가정에서 태어나 초등교육만 받았다. 패러데이는 동병상련을 느낀 데이비의 후원을 받아 전기화학의 기초를 만든 전기분해 법칙을 발견한다. 유전학의 기초를 마련한 그레고어 멘델(1822~1884)은 가난해서 수사가 되었지만 수도원 정원에서 9년 동안 완두콩 실험을 한 끝에 유전법칙을 발견한다.

20세기에는 과학분야가 너무 전문화되어 아마추어리즘이 설 공간이 거의 사라졌지만 호기심으로 똘똘 뭉친 아마추어들은 빛나는 업적을 냈다. 고등학교 출신인 세균학자 펠릭스 데렐(1873~1949)은 박테리오파지를 발견해 세균성 질병 치료의 길을 열었고, 대학에서 영문학을 공부한 데이비드 레비(1948~)는 슈메이커-레비 9 혜성 등을 발견해 일약 세계적인 저명인사가 되었다.

21세기에는 어떤 아마추어 과학자가 세상을 깜짝 놀라게 할지 궁금하다.

사람이 암수로 발전한 까닭은

사람의 성별이 하나나 셋이 아니고 왜 하필이면 남녀 둘일까? 가장 그럴듯한 설명은 1992년 영국 생물학자인 로렌스 허스트가 발표한 가설이다.

동물의 세포는 핵, 세포질, 미토콘드리아 등 각종 소기관으로 구성된다. 핵 속에는 유전자의 본체인 디옥시리보핵산(DNA)이 들어 있다. 세포질은 화학반응이 일어나는 용액이다. 미토콘드리아는 산소를 호흡하여 에너지를 생산하는 세포의 발전소이다.

인간의 성생활에서는 생식을 위해 감수분열과 세포융합의 두 가지 상보적 과정이 필요하다. 감수분열은 생식세포로 되는 세포가 염색체의 수를 절반으로 감소시키는 과정이다. 감수분열의 결과로 정자와 난자가 형성된다. 이들이 서로 만나 수정이 되면 세포융합이 일어난다. 새로 탄생한 세포에서 염색체의 수는 원래대로 돌아가고, 이 세포가 분열을 거듭하여 태아를 만든다.

허스트에 따르면, 세포융합 과정에서 큰 문제가 생길 수 있다. 왜냐하면 정자와 난자가 융합할 때 두 세포의 핵 DNA는 한 쌍의 염색체 안으로 함께 들어가므로 별다른 문제가 없지만, 두 세포의 소기관은 하나의 세포질을 서로 차지하기 위하여 싸울 수밖에 없기 때문이다.

예컨대 미토콘드리아끼리 다툴 가능성이 높다.

세포 소기관 사이의 분쟁을 해결하는 최선의 방법은 어느 한쪽이 양보를 하는 것이다. 정자와 난자 중 한쪽의 소기관만 다음 세대로 전달되는 방향으로 결론이 났다. 결국

정자가 난자에게 양보를 했다. 따라서 아버지 쪽의 세포 소기관은 자식에게 전달되지 못하지만 어머니 쪽의 세포 소기관은 제대로 전달되게 되었다. 허스트는 세포질을 둘러싼 갈등을 해소하는 과정에서 정자와 난자가 그 크기와 기능이 서로 다르게 진화된 것이라고 주장했다.

정자는 애초부터 미토콘드리아 등 소기관이 제거되므로 작고 운동성이 뛰어나며 대량으로 생산된다. 그러나 난자는 소기관을 갖고 있으므로 크고 운동성이 없으며 소량이다. 따라서 우리 몸 안의 세포 소기관은 어머니로부터 물려받은 것이며 아버지의 것은 없다. 가령 미토콘드리아가 모계로만 유전되는 것도 오로지 정자가 희생을 치른 결과일 따름이다.

이러한 논리를 전개하며 허스트는 세포질을 둘러싼 분쟁이 불가피한 융합 성교에서는 반드시 암수 양성의 성별이 진화될 수밖에 없었다고 주장하여 폭넓은 지지를 받았다.

말이 필요 없는 세상이 올까

2002년 3월 14일 아침. 영국 레딩 대학에서 40대 후반의 교수가 보기에 따라서는 역사적인 실험을 했다. 주인공은 케빈 워릭. 1998년 자신의 왼팔 피부 밑에 컴퓨터 칩을 이식하고 9일 동안 자신의 위치 신호를 컴퓨터로 전송하는 실험을 했던 인물이다. 말하자면 스스로 사이보그가 된 셈이다.

첫 번째 실험에서 예상 밖의 주목을 받은 워릭 교수는 또다시 사이보그로의 변신을 시도했다. 왼쪽 손목 밑에 100개의 실리콘 전극 뭉치를 삽입한 것이다. 각 전극은 손목의 신경섬유와 직접 접촉한다. 이식된 전극에 달린 전선은 피부 밑을 지나서 팔꿈치 부근에서 밖으로 나온다. 이 전선들은 팔뚝에 부착된 커넥터로 연결된다. 이 커넥터의 전기회로는 신경 신호를 증폭해 디지털 신호로 바꾸어 준다. 이 신호

는 무선으로 컴퓨터에 전송된다. 요컨대 워릭 교수의 뇌와 손목 사이를 오가는 신경 신호가 복사되어 컴퓨터로 보내진 셈이다. 물론 이러한 과정은 반대 방향으로도 가능하다. 컴퓨터가 신호를 손목의 이식 장치로 보낼 수 있기 때문이다. 컴퓨터 신호는 워릭 교수의 손과 뇌 사이의 신경섬유 속으로 들어가서 다른 신경 신호처럼 움직인다.

워릭 교수는 그의 아내에게도 이와 비슷한 장치를 이식했다. 아내가 손가락을 움직일 때마다 이식 장치는 신호를 컴퓨터로 보낸다. 컴퓨터는 이 신호를 해독하여 인터넷을 통해 다른 컴퓨터로 전송한다. 이 컴퓨터는 아내의 손가락 움직임에 관한 정보를 워릭 교수의 이식 장치에 연결된 안테나로 보낸다. 이 신호는 워릭 교수의 신경 속으로 직접 공급된다. 워릭 교수는 "마치 가벼운 전기충격처럼 따끔따끔한 감각을 느꼈다"고 술회했다.

아내와 신경 정보를 교환하는 실험에 성공한 워릭 교수는 이러한 기술이 여러 분야에 활용될 것으로 전망한다. 이를테면 신체 장애인들에게 큰 도움이 될 것 같다. 허체기 마비된 환자들이 이러한 장지를 몸에 이식하면 생각하는 것만으로 의족이나 휠체어를 움직일 수 있을 것이기 때문이다. 또한 뇌에 칩을 이식해 잘못된 신경 신호를 조절하면 파킨슨병이나 간질, 나아가서는 우울증도 치료할 가능성이 있다.

워릭은 2050년쯤에 사람들이 텔레파시로 의사를 소통하는 시대가 올 것이라고 말한다. 사람 뇌에 이식된 장치로 뇌에서 뇌로 직접 정보 전달이 가능해지기 때문이다. 그러한 세상에서는 전화는 물론 언어도 쓸모없어질지 모를 일이다.

21세기에도 문명 거부는 계속된다

과학기술이 발달할수록 사회 일각에서는 신기술에 저항하는 사람들, 곧 러다이트의 주장이 다양하게 펼쳐질 것으로 예상된다. 러다이트는 기계화나 자동화에 반대하는 사람을 뜻하는 단어로, 네드 러드라 불리는 한 전설적인 인물의 이름에서 유래한 용어이다.

러드는 산업혁명의 물결이 몰려오자 불안에 떨던 영국 노동자 중의 한 사람이었다. 양말 편물공 등 수공업 노동자들은 자동 직물기계가 발명되어 수십 명이 하던 일을 한두 사람이 할 수 있게 됨에 따라 생계를 위협받게 되었다. 절망적 상황에 처한 직조공들은 비밀결사를 조직하고 도시 게릴라가 된다. 그들은 공장 소유주를 협박하고 의류를 생산하는 기계를 파괴한다. 결국 유혈 충돌이 일어나서 주동자들은 투옥되거나 교수형에 처해진다. 1811년에서 1816년 사이에 걸쳐 영국에서 일어난 기계파괴 운동은 러디즘, 이 운동 가담자들은 러다이트라 불린다.

러드는 양말 편물공으로 연약한 젊은이였는데, 양말 편물기계를 망치로 때려 파괴했다는 설이 있는가 하면, 조작 실수로 우연히 기계를 부수었다는 말이 전해지고 있다. 어쨌든 그 후로 알 수 없는 이유로 기계가 망가지면 "네드 러드가 한 짓이야"라고 말하게 되었으며, 직조공들에게 지도자가 누구냐고 물으면 "러드 장군이다"라고 대답했다.

21세기에는 기술이 사람의 일자리를 위협하는 데 그치지 않고 인간 존재 자체에 도전할지 모른다고 주장하는 새로운 형태의 러다이트가 나타나고 있다. 대표적인 인물은 폭탄 테러리스트 유나바머로 악명 높은 테드 카진스키이다.

그는 17살에 하버드 대학에 입학해 조기 졸업한 천재였다. 그러나 대학교수 자리를 집어던지고 은둔자로 살면서 17년간 대학과 항공사에 폭탄 테러를 가해 인명을 살상했다. 그는 체포되기 직전인 1995년 기술이 갖는 인간성 말살의 위협을 경고한 선언문을 발표하여 세상을 놀라게 했다. 그는 컴퓨터 기술의 발달로 사람이 기계에 대한 통제권을 계속 갖든지 아니면 기계가 사람의 감독 없이 모든 결정을 내리든지 하는 양자택일의 시대가 올 것이라고 단정하고, 이어서 인류가 기계의 결정을 받아들이는 것 말고는 실질적인 선택권을 갖지 못하는 상황에 빠질 가능성이 많다고 주장했다.

결론적으로 카진스키는 인류가 기계에 정복되지 않으려면 모든 기술을 완전히 버리고 원시시대와 같은 자연으로 복귀해야 한다고 주장했다. 첨단기술이 발달할수록 제2의 카진스키가 나타날 개연성을 배제할 수 없다.

4월의 과학나라

주검에서 정액까지 표본으로 사용 | 원격이동, 양자세계에서 실현되다 | 과학책 제목에 문제 많다 | 아직도 노예가 있다 | 우주를 왕복하는 엘리베이터 | 전쟁비극 뒤안 자연도 상처투성이 | 물고기 먹을 때 수은도 함께 섭취 | 컴퓨터를 수돗물처럼 활용한다 | 기술영향평가로 부작용 줄인다 | 영리한 먼지, 세상을 지키다 | 여럿이 가는 길이 반드시 옳은 길인가 | 명저는 제때 소개되어야

주검에서 정액까지 표본으로 사용

4월 17일부터 국립서울과학관에서 '인체의 신비전'이 열리고 있다. 관람객들은 플라스티네이션(plastination)이라는 해부학 기법으로 처리된 200여 점의 사람 주검을 손으로 만져볼 수 있다.

플라스티네이션은 1977년 독일의 군터 폰 하겐스 교수가 주검을 살아 있는 것처럼 보존하기 위해 개발한 해부학 기술이다. 해부용 주검에서 지방이나 외부 표피를 벗겨내고, 얇게 저민 근육이나 뼈를 충실하게 배열하기 때문에 하겐스 박사의 인체 표본은 '인간 사시미(사시미는 생선회의 일본말)'라고 불린다.

1998년 독일 만하임에서 전시회를 열었을 때 번질번질 윤이 나는 200점의 사람 주검을 감상하기 위하여 75만 명 이상의 관람객이 줄을 섰다. 1999년 빈 전시회에는 얇게 저며놓은 장기, 탯줄에 매달린 아기, 출산 모습을 재현하는 여체, 외롭게 병 속을 떠다니는 성기 등 충격

적이고 엽기적인 작품들이 선보였다. 2002년 3월 브뤼셀 전시회는 관람객이 몰려 기간을 일주일 연장했으며 베를린 전시회는 160만 명이 입장할 정도로 인기를 끌었다.

하겐스 교수의 세계 순회 전시회는 표본예술의 극치를 보여준다. 예술가이자 과학자인 표본예술가들은 인체는 물론이고 체액이나 유전자(DNA)를 표본으로 사용한 작품을 만들어 삶·섹스·죽음의 이미지를 창조한다. 인체는 죽은 채로 해부되거나 사진, 조각 또는 비디오로 전시된다. 체액의 경우 사람들이 거부감을 갖기 마련인 혈액·정액·오줌·모유·생리혈 따위를 마치 페인트나 진흙처럼 예술작품의 재료로 사용한다. 체액에는 종족·성별·외모 등 인간을 차별하는 요소가 없기 때문에 체액을 이용하는 예술행위는 기존의 분류법을 파괴한다는 게 표본예술가들의 주장이다.

표본예술가들은 섹스를 원시적이고 비정상적인 것으로 표현함으로써 섹스가 결코 인간의 조건으로부터 분리될 수 없음을 암시한다. 요컨내 섹스 없이도 생식이 가능한 유전공학의 복제기술에 의문을 제기한다. 표본예술의 가장 강력한 주제는 죽음이다. 유전공학이 발달하더라도 결국 인간은 모두 죽게 마련이기 때문이다. 표본예술가들은 시체안치소로 달려가서 머리가 잘려나간 주검의 사진을 찍거나 비디오카메라를 설치하고 자살하는 사람들의 추락하는 모습을 화면에 담는다.

문명비평가인 존 나이스비트는 인류사회가 유전공학으로 진보하는 시점에서 표본예술은 '인간성을 화학물질의 덩어리로 격하하는 과학적 세계관에 대한 본질적인 거부반응'이라고 평가한다.

참고자료 | 국제플라스티네이션 학회 홈페이지 www.kfunigraz.ac.at
『하이테크 하이터치』 존 나이스비트 지음, 한국경제신문사 펴냄

원격이동, 양자세계에서 실현되다

　　　　　우주 탐험대원이 엘리베이터처럼 생긴 방으로 들어간다. 빛이 머리 위로 쏟아지는 순간 그의 몸은 사라진다. 얼마 뒤에 그는 지구로부터 멀리 떨어진 낯선 떠돌이별에서 모습을 나타낸다.

〈스타 트렉〉과 같은 공상과학 영화에서 흔히 볼 수 있는 원격이동(teleportation) 장면이다. 사람이나 거대한 물체의 원격이동은 물론 불가능하지만 양자세계에서는 이미 현실화되고 있다. '양자얽힘(entanglement)' 현상 덕분이다.

양자세계에서는 두 입자가 아무리 멀리 떨어져 있다 하더라도 서로 연결되어 있다. 따라서 한 입자의 상태가 측정되면 다른 입자의 상태는 즉각적으로 결정된다. 이처럼 두 입자가 거리와 무관하게 결합되어 상대에게 영향을 끼치는 상호작용을 얽힘현상이라 한다.

양자얽힘은 양자역학이 불완전한 이론임을 보여주기 위해 알베르트 아인슈타인이 물고 늘어진 핵심 주제였다. 양자이론에 의해 암시된 우연과 예측 불가능성을 받아들일 수 없었던 아인슈타인은 "신은 주사위 놀이를 하지 않는다"고 말하며 얽힘현상은 물리적으로 불가능하다고 주장했다. 그는 얽힘현상을 두 입자가 '텔레파시 같은 방법'으로 묶이는 '먼 곳에서의 유령 같은 작용'이라고 비꼬았다. 그러나 많은 물리

학자들은 아인슈타인의 주장에
동조하지 않았다.

1980년대부터 얽힘현상은
이론에 머물지 않고 실질적으
로 활용되기 시작했다. 양자 컴
퓨터와 양자 암호기술의 핵심
요소로 응용되고 있을 뿐만 아니
라 양자 원격이동의 길을 열어주었다.

1993년 미국의 찰스 베넷은 영국, 캐나다,
이스라엘의 몇몇 물리학자와 함께 공동연구한 논문에서 얽힘현상을
이용하면 원격이동이 가능하다는 주장을 펼쳤다.

1997년 오스트리아의 인스부르크 대학에서 빛을 구성하는 입자인
광자를 얽힘현상을 이용하여 원격이동시키는 실험에 성공했다. 양자
원격이동의 가능성을 입증한 최초의 실험이다.

1998년에는 캘리포니아 공대에서 역시 광자의 원격이동 기술을 보
여주었다. 전문가들은 광자를 수km는 물론이고 인공위성에까지 이동
시킬 수 있다고 확신한다. 그러나 광자이건 전자이건 얽힘현상을 만들
어내는 방법이 제각각이었는데, 2002년 들어 영국 옥스퍼드 대학 연구
진들이 원자나 큰 분자 등 모든 입자들을 동일한 방법으로 얽히게 할
수 있음을 보여주었다. 한 가지 방법으로 여러 입자의 얽힘현상을 만
들어낼 수 있게 됨에 따라 원격이동의 오랜 꿈이 비로소 현실로 다가
오고 있다.

과학책 제목에 문제 많다

돈세이워드, 웨이트오브워터, 엑스페리먼트, 세렌디피티, 밴디츠, 뷰티풀 마인드. 서울의 극장에서 상영되고 있는 영화의 제목들이다. 웬만한 영어 단어 실력을 가진 관객이 아니라면 제목의 뜻도 제대로 알지 못한 채 영화를 감상할 수밖에 없는 세상이 되었다.

한때 영어를 공용어로 쓰는 문제를 놓고 몇몇 논객들이 볼썽사나운 입씨름을 벌인 적이 있고, 미국 프로야구에서 활약 중인 박찬호 선수가 출전한 경기를 텔레비전 생중계로 보면서 전국의 직장인들이 일희일비하는 판국에 영화 제목쯤 영어 발음 그대로 정했다고 해도 크게 괘념할 일은 아닌지 모른다. 그러나 이러한 경박한 풍조가 출판, 그것도 정확성이 생명인 과학도서에 스며들고 있어 우려의 목소리가 높다.

노벨 경제학상을 받은 천재 수학자 존 내쉬의 기구한 삶을 영화로 만든 〈뷰티풀 마인드〉의 원작(1998)은 2000년에 『아름다운 정신』으로 번역 출간되었으나 겨우 초판이 팔린 정도였다. 그러나 영화가 개봉될 때 제목을 영어로 바꿔 재출간하자 베스트셀러가 되었다. 2002년 골든 글러브와 아카데미상의 주요 부문을 석권한 영화 덕을 톡톡히 본 셈이다.

최근 출간된 『엘러건트 유니버스』는 영화로 만들어질 내용의 책이 아닌데도 '우아한 우주'라고 옮기지 않고 구태여 영어 발음대로 제목을 붙인 이유가 알쏭달쏭한 과학서적이다. 1999년 미국 물리학자인 브라이언 그린의 출세작인 『우아한 우주』는 자연계에 존재하는 모든 힘들을 하나의 체계 속에 통일시키려는 '초끈이론'의 해설서이다. 여러 일간지의 출판면에 서평이 대문짝만하게 실렸지만 영어 제목을 문제삼은 평자는 단 한 명도 없었다.

책의 제목이 책의 운명을 좌우한다고는 하지만 영어 발음을 그대로 사용하거나 원제와 동떨어진 제목을 붙이는 것이 능사는 아닌 성싶다. 도리어 책의 가치를 훼손시킨 사례가 적지 않다. 가령 1999년에 출간된 미국의 컴퓨터 이론가 레이 커즈와일의 『정신적 기계의 시대』는 『21세기 호모 사피엔스』라고 번역되어 인류와 기계의 운명을 전망한 원저의 취지를 제대로 살리지 못했다는 비판을 면키 어렵다.

여류 과학저술가로 퓰리처상을 받은 나탈리 앤저가 1995년 지은 『동물이 아름다움』은 『동물들은 암컷의 바람기를 어떻게 잠재울까』라는 엉뚱한 제목으로 출간되었다. 차라리 앤저가 책머리에 헌사처럼 남긴 "살아 있는 것은 다 아름답다"는 문장을 제목으로 삼았으면 더 나을 뻔했다.

아직도 노예가 있다

대부분의 미국 사람들은 에이브러햄 링컨 대통령의 노예해방선언으로 미국에 노예제도가 사라졌다고 믿는다. 그러나 영국 사회학자인 케빈 베일스 교수는 《사이언티픽 아메리칸》에 기고한 글에서 미국에 10만~15만 명의 노예가 있을 뿐만 아니라 세계 도처에 약 2,700만 명이 노예 상태로 목숨을 이어가고 있다고 주장했다.

노예의 수가 많은 국가는 인도(1,800만~2,200만), 파키스탄(250만~350만), 브라질(30만~50만), 중국(25만~50만), 네팔과 모리타니(25만~30만)이다. 그 다음이 미국으로 세계에서 일곱 번째로 노예를 많이 보유한 나라인 셈이다. 아이티, 미얀마, 타이, 아프가니스탄, 나이지리아 등 후진국은 물론이고 이탈리아, 캐나다, 프랑스와 같은 선진국에도 수만 명의 노예가 존재하는 것으로 추정된다. 우리나라 역시 예외가 아니다. 앞서의 나라들보다 적은 숫자

이긴 하지만 1만~1만 5천 명의 노예가 있다는 것이다.

베일스 교수는 경제적인 문제 때문에 21세기에도 노예 상태의 사람들이 줄어들지 않을 것으로 본다.

노예란 완전한 권리와 자유가 인정되지 않고 다른 이의 지배 밑에서 강제노동에 종사하며 매매나 양도의 대상이 되는 사람들이다. 선진국의 경우 노예 상태가 되는 사람들은 대개 돈을 벌기 위해 밀입국한 사람들이다. 그들은 불법으로 국경을 넘은 것이 약점이 되어 떳떳한 일자리를 구하지 못하고 결국 인신매매의 수렁에 빠진다. 남자는 저임금으로 장시간 혹사시키는 착취 공장으로, 여자는 매춘부의 소굴로 팔려가게 되는 것이다. 따라서 유럽의 홍등가에는 러시아 출신의 여자들이 많고, 동남아시아의 농장이나 공장에는 싸구려 노동자들이 넘쳐나게 된 것이다.

노예제도는 인간의 기본권을 침해하는 반인륜적인 범죄이므로 노예의 소유주는 도덕적으로 비난받아 마땅하다. 그러나 베일스 교수는 노예와 노예의 주인 사이에 기묘한 상호의존관계가 형성되어 있음을 밝혀내고, 노예제도를 한 사람이 다른 사람을 단순히 힘으로 지배하는 종속관계로 보아서는 안 된다고 주장한다. 따라서 노예제도를 종식시키기 위해서는 노예뿐만 아니라 그 소유주에게도 고도의 사회복귀 프로그램이 필요하다는 것이다.

우리 사회 일각의 인신매매 범죄는 위험수위를 넘은 지 오래이다. 외국인 노동자를 착취하고 연변 출신 동포를 유흥가에 팔아넘기는 우리 사회야말로 노예제도의 온상이 아닐까.

우주를 왕복하는 엘리베이터

하늘로 쏘아 올린 엘리베이터를 타고 우주 여행을 할 날이 올 것인가. 우주 엘리베이터의 아이디어는 1960년 러시아의 기술자가 처음 내놓았으나 과학소설의 대가인 아서 클라크가 1979년 『낙원의 샘』이라는 소설에 묘사함으로써 주목을 받았다.

클라크는 1997년 펴낸 『3001년 : 최후의 오디세이』에서 31세기에는 대부분의 인류가 우주 엘리베이터를 타고 하늘에 건설된 도시로 이주하게 될 것이라고 상상했다.

1917년 영국 출생인 클라크는 1945년 공군장교로 복무하면서 인공위성의 개념을 처음으로 제안한 논문을 발표했다. 최초의 인공위성인 스푸트니크는 1957년 발사되었다. 이보다 12년 앞서 인공위성을 생각해낸 클라크의 과학적 상상력은 과학자들까지 그를 '인공위성의 아버지'로 부르게 만들었다.

적도 상공 3만 5,800km의 지구 궤도를 도는 인공위성은 지구에서 보면 하늘에 정지되어 있는 것처럼 보인다. 이 궤도의 인공위성은 지구의 자전 각속도(角速度)와 같은 속도로 지구를 돌기 때문에 지구상에 있는 사람의 눈에는 멈추어 있는 것으로 보인다. 클라크는 이 인공위성에서 지구까지 거대한 탑을 세우고, 그 안에 승강기를 설치하면 지구와 우주를 마음대로 왕복할 수 있다고 묘사했다.

하늘 높이 3만 5,800km의 탑을 세운다는 것은 소설 속에서나 가능함직한 터무니없는 발상이라 아니 할 수 없다. 그러나 미국 항공우주국(NASA) 기술자들은 우주 엘리베이터의 실현 가능성을 낙관하는 보고서를 속속 내놓고 있다. 우주 엘리베이터 건설을 위해 극복해야 할 최대의 난관은 거대한 탑의 무게를 감당할 재료를 찾아내는 일이었다. 나사 연구진에 따르면 이 재료는 62.5기가파스칼의 인장력이 요구된다. 강철의 30배, 케블라의 17배에 해당하는 엄청난 인장력을 가진 재료가 없었기 때문에 우주 엘리베이터 건설은 애당초 불가능한 것으로 치부되었디. 그런데 1985년 버키볼, 1991년 버키볼을 대롱 모양으로 변형시킨 탄소나노튜브가 발견되면서 상황이 바뀐다. 탄소나노튜브의 인장력이 130기가파스칼로 평가되었기 때문이다.

우주 엘리베이터를 실현하려면 승강기의 속도 문제 등 풀어야 할 공학적 문제가 한두 가지가 아닐 것이다. 클라크는 "우주 엘리베이터의 아이디어를 비웃지 않게 될 때 그로부터 50년 지나서 완성할 수 있다"고 말한다. 1999년 미국 항공우주국의 회의에서 2060년께 우주 엘리베이터가 가능하다는 의견이 나왔다.

전쟁비극 뒤안 자연도 상처투성이

미국의 이라크 침공은 여느 전쟁 못지않게 심각한 환경 문제를 야기할 것으로 전망된다. 이라크에서 예상되는 문제는 세 가지로 요약된다.

먼저 각종 폭탄 투하로 대지의 훼손을 피할 수 없다. 하수시설의 파괴로 누출된 오물이 식수를 오염시킬 가능성이 높다.

가장 우려되는 것은 석유에 의한 오염이다. 1991년 걸프전 당시 이라크 북쪽 산악지대의 눈덮인 산봉우리가 온통 까맣게 변했다. 유정이 불타면서 하늘로 솟구친 검댕이 비를 몰고 와서 검정 물감을 뿌려댔기 때문이다. 또한 걸프전에서 600만~800만 배럴의 원유가 바다로 누출되었는데, 수면에 떠 있는 기름 제거에 7억 달러 이상이 들었다. 이번 이라크 전쟁에서도 이러한 오염 문제가 다시 발생할는지 지켜볼 일이다.

전쟁으로 초래되는 환경 문제는 이와 같이 금방 확인이 가능하다. 그러나 유엔환경계획(UNEP)에 따르면 최악의 문제는 의외로 포착하기 힘든 것으로 밝

혀졌다. 왜냐하면 전쟁으로 수많은 사람들이 보금자리와 일터를 잃게 되면서 발생하는 환경 문제들이기 때문이다.

무력 충돌이 끊이지 않는 아프가니스탄과 팔레스타인이 좋은 사례이다. 아프가니스탄의 경우, 가장 심각한 환경 문제는 난민들에 의한 자연 훼손이다. 30여 년의 내전에 지친 춥고 배고픈 피난민들이 땔감을 위해 마구잡이로 나무를 쓰러뜨려 수풀은 거의 사라지고 강물은 말라 전 국토가 거의 황무지가 된 상태이다.

한편 팔레스타인에서 최대의 환경 문제는 식수의 질과 양이다. 이스라엘과의 싸움에 여념이 없는 정부가 상하수도 시설 확충에 손을 쓰지 못한 결과로 깨끗한 식수가 부족할 수밖에 없었다.

아프가니스탄과 팔레스타인의 사례는 전쟁이 장기적으로 환경에 끼치는 영향이 인간의 생존을 위협할 만큼 심각하다는 사실을 확인시켜 준다.

이라크에서도 이와 유사한 문제가 생기지 말란 법이 없다. 미국의 침공으로 삶의 터전을 빼앗긴 사람들이 자연을 황폐화시킬 것이며, 폭격으로 상하수도 시설이 파괴되면 물 부족 사태가 초래될 수밖에 없을 것이기 때문이다.

전쟁은 환경 파괴와 직결된다. 그러나 때때로 무력 갈등 때문에 환경이 보존되기도 한다. 아프리카에서는 내전 중에 매설된 지뢰 덕분에 사냥꾼들이 밀렵을 하지 못해 야생동물들의 수가 줄지 않고 있다.

우리나라의 비무장지대 역시 야생동식물의 지상낙원이 된 지 오래이다. 냉전의 부산물로 환경이 보존된 것은 아이러니가 아닐 수 없다.

물고기 먹을 때 수은도 함께 섭취

지난 3월부터 미국 캘리포니아의 슈퍼마켓에는 별안간 다음과 같은 안내문이 나붙었다.

"경고! 임신 중이거나 모유로 아이를 키우는 어머니, 곧 아기를 갖게 될 여성, 어린애들은 황새치, 상어, 고등어를 절대 먹어서는 안 됩니다. 또 날것이건 냉동한 것이건 참치 소비량을 줄이십시오."

캘리포니아 주정부는 중금속인 수은에 의한 오염이 위험수위에 달했음을 알리기 위하여 이러한 경고문을 달도록 명령했다. 생선이 비만과 심장병 예방에 좋다고 믿고 있는 미국인들에게 실망스러운 소식이 아닐 수 없다.

수은에 오염된 물고기는 태아에게 위협적인 먹거리이다. 1950년대에 일본에서는 이러한 물고기를 먹은 여자들이 선천적 기형아를 낳았다.

미국 환경보호청(EPA)에 따르면 오늘날 미국 가임여성의 8%가 태아의 생명을 위태롭게 하는 수준의 수은을 피 속에 갖고 있다.

수은의 혈중 농도가 낮은 산모일지라도 태아의 듣고 말하는 기능에 문제를 일으키는 것으로 밝혀졌다. 그 결과 미국에서는 해마다 6만 명 이상의 지진아나 기형아가 태어나는 것으로 추정된다. 최근에는 수은이 심장질환과 면역계 장애의 요인이 되고 있는 것으로 확인되었다.

　물고기는 바다의 미생물로부터 메틸수은의 형태로 수은을 흡수한다. 또한 큰 물고기는 작은 물고기를 잡아먹을 때 메틸수은을 함께 빨아들인다. 따라서 황새치, 상어, 참치와 같은 크고 수명이 긴 어류가 연어나 새우처럼 작은 물고기보다 수은을 더 많이 갖고 있다.

　수은 함유량(ppm)은 황새치 1.00, 상어 0.96, 참치(날것 및 냉동된 것 포함) 0.32, 참치(통조림) 0.17, 연어 0.00이다.

　수은 함유량에 대한 위험도를 판정하는 기준은 미국 식품의약국(FDA)과 환경보호청 사이에 견해차를 보인다. 전자는 1.00 아래의 수은 함유량이면 문제가 없다고 보는 반면 후자는 0.20 이상은 위험하다고 본다. 어쨌거나 가장 비싼 물고기일수록 수은에 오염될 가능성이 가장 많은 것으로 나타난 사실은 아이러니가 아닐 수 없다.

　통조림 참치의 경우, 미국인들이 다른 생선보다 훨씬 많이 먹는 식품이다. 참치 통조림은 작은 참치로 만들기 때문에 수은 함유량은 냉동참치의 절반밖에 되지 않는다. 그러나 낮은 수은 함유량이 심장병과 면역계에 끼치는 영향이 밝혀지면서 워싱턴 등 10개주가 가임여성들에게 통조림 섭취량을 1주에 1~2개로 줄일 것을 권고하고 있다. 남의 일 같지만은 않다.

컴퓨터를 수돗물처럼 활용한다

날마다 전기나 수돗물을 사용하면서 어떤 경로를 통해 집에까지 공급되는지 궁금해하는 사람은 거의 없을 것이다. 방의 스위치를 누르면 형광등이 켜지고 수도꼭지를 틀면 수돗물이 쏟아지는 것은, 물론 고압 송전선망이나 상수도 체계가 잘 갖추어진 덕분이다.

이런 기간시설이 구비된 사회에 익숙한 우리들은 집집마다 발전소와 수원지를 보유하는 상황을 상상조차 할 수 없다. 그러나 전기와 수도공급 시설이 없던 시절에는 집집마다 호롱불을 켜고 우물물을 길어 먹었다는 사실을 상기해볼 필요가 있다.

정보사회가 되면서 컴퓨터를 보유한 기업체와 가정은 갈수록 늘어나고 있다. 대부분의 컴퓨터들은 대개 그 옛날의 호롱불처럼 독자적으로 운용되고 있다. 바꾸어 말해 모든 가정이 제각기 발전소를 갖고 있는 셈이다. 이러한 문제를 해소하는 방법은 컴퓨터 사용자들이 다른 컴퓨터의 자원, 이를테면 중앙처리장치, 저장장치, 각종 소프트웨어를 손쉽게 사용할 수 있도록 모든 컴퓨터를 연결시키는 것이다. 마치 전기를 공급하는 고압 송전선망(grid)을 구축하는 것과 비슷하므로 이 접근방법은 그리드 컴퓨팅(grid computing)이라 불린다. 그리드 기술은 개인이 소유한 컴퓨터 자원을 불특정 다수가 사용할 수 있게 하는 기술이다.

1990년대 중반부터 싹튼 그리드 기술은 인터넷의 연장선 위에 있다. 인터넷은 누구나 자유자재로 다른 사람과 접속할 수 있다는 측면에서 그리드 기술의 개념과 유사하기 때문이다.

그리드 기술에 가장 관심이 많은 사람들은 과학기술자들이다. 그들은 멀리 떨어진 곳에 분산되어 있는 컴퓨터 자원을 활용하면 연구를 효율적으로 진행할 수 있다고 믿기 때문이다.

가장 단순한 형태의 그리드 기술이지만 세티 앳 홈(SETI@home)이 좋은 사례이다. 1999년 캘리포니아 대학의 외계 지능생명 탐사 연구진은 세계 최대 규모인 아레시보 전파망원경이 포착한 우주 전파신호를 분석하는 슈퍼컴퓨터의 용량이 부족하여 전 세계 네티즌들에게 도움을 청했다. 수많은 네티즌들이 우주 전파신호를 전송받아 자신의 컴퓨터로 분석한 뒤 그 결과를 보냈다.

미국, 유럽, 일본의 연구소에서는 천문학, 보건의료, 지진 등의 자료를 분석하는 그리드 프로젝트를 추진하고 있다.

2000년부터는 많은 기업들이 그리드 기술의 상용화에 나섰다. 머지않아 컴퓨터를 전기나 수돗물처럼 사용하는 세상이 올 것 같다.

참고자료 | 주요 그리드 프로젝트 홈페이지 www.nbirn.net, www.naregi.org, www.neesgrid.org

기술영향평가로 부작용 줄인다

현대사회에서 과학기술은 국가의 경제발전뿐 아니라 국민의 일상생활에 많은 영향을 끼친다. 특히 정보기술, 생명공학기술, 나노기술 등 첨단기술은 인간의 삶의 질을 향상시키는 긍정적인 측면과 함께 사생활 침해, 생명의 존엄성 파괴, 환경훼손 등 부정적인 측면을 내포하고 있다.

따라서 과학기술의 발전으로 초래될 영향을 사전에 평가하여 긍정적 영향은 극대화하고 부정적 영향은 극소화시킬 필요성이 대두되었다. 이처럼 과학기술이 경제·사회·문화·윤리·환경에 끼치는 영향을 파악하여 과학기술의 바람직한 발전방향을 모색함과 아울러 부정적 영향을 최소화하려는 시도를 '기술영향평가(technology assessment)'라 한다.

기술영향평가의 기본전제는 과학기술을 일종의 사회현상으로 간주하는 것이다. 다시 말해 과학기술을 일부 전문가들의 독점물이 아니라 사회 전체가 참여해 논의해야 하는 대상으로 보는 것이다. 과학기술의 영향력이 갈수록 커지기 때문에, 과학기술정책의 기획과 집행을 과학기술자들에게만 맡겨둘 게 아니라 인문사회과학자들은 물론이고 일반 시민도 참여해야 한다는 게 기술영향평가의 기본전제인 것이다.

이에 따라 선진국에서는 1970년대부터 기술영향평가를 전담하는 기구를 발족했다. 대표적인 사례는 1972년 미국 의회 안에 설치된 기술영향평가국(OTA)이다. 이와 유사한 조직이 프랑스, 영국, 독일의 의회에도 설치되었다.

우리 정부도 뒤늦은 감은 있지만 2001년 7월 발효된 과학기술기본법에서 기술영향평가의 제도적 장치를 마련했다. 아무쪼록 과학기술에 대한 정책결정이 과학기술자와 기술관료들에 의해 좌우되지 않고 일반 시민들도 참여할 수 있는 길이 트이게 되길 바랄 따름이다.

이런 맥락에서 2001년 6월부터 과학기술부에서 지원하는 인간 유전체(게놈) 기능 연구사업의 일환으로 진행 중인 '엘시(ELSI)' 연구에 주목할 필요가 있다. 엘시는 인간 게놈 연구의 '윤리적, 법적, 사회적 함의'를 연구하고 그 실천적 대안을 모색한다. 가령 게놈 연구의 윤리지침이나 유전정보 보호방안을 마련하며, 게놈 활용에 대한 사회적 인식을 분석한다.

1990년부터 추진된 미국의 엘시 프로그램에 비해 뒤늦은 출발이지만 국내 연구진(책임자 : 카이스트 윤정로 교수)은 윤리, 법률, 교육, 언론 등 다양한 학문의 전문가는 물론이고 시민운동 분야의 이론가들도 참여하고 있기 때문에 연구 활동을 지켜보는 일반 시민들이 적지 않다.

영리한 먼지, 세상을 지키다

　　　　　스마트 더스트라 불리는 눈에 보이지 않는 인조 먼지가 하늘을 뒤덮을 날이 다가오고 있는 것 같다. 미국 국방성의 지원을 받아 크리스 피스터가 개발한 스마트 더스트는 크기가 쌀알만하지만 센서 기능이 뛰어난 자율 로봇이다. 스마트 더스트는 주변 환경의 정보를 감지하며, 서로 무선으로 연결된다. 스마트 더스트를 뿌려 놓으면 이들은 네트워크를 만들어 어디에서건 거의 모든 것의 정보를 수집한다.

　2001년 3월 스마트 더스트 여섯 개를 무인 비행기로 하늘에서 떨어뜨렸다. 스마트 더스트는 땅에 떨어지자마자 네트워크을 형성하고 길 위에 있는 탱크와 군용 차량의 움직임에 관한 정보를 수집했다. 스마트 더스트는 차량의 속도를 계산하여 그 결과를 무인 비행기로 전송할 정도로 임무를 완벽하게 수행했다. 2003년 7월에는 이보다 더 까다로운 일을 성공적으로 처리했다. 스마트 더스트 100개로 군대의 이동 상황에 관한 정보를 수집한 것이다. 스마트 더스트는 미국 국방성이 기대한 스파이 로봇 역할을 멋지게 해낸 셈이다.

　스마트 더스트는 군사용 말고도 쓰임새가 많다. 특히 자연재해로부터 피해를 줄이는 데 크게 도움이 될 것으로 전망된다. 지진 발생 후에

고층건물의 안전도 검사에는 오랜 시간과 많은 비용이 소요된다. 그러나 진동을 감지하는 센서가 달린 스마트 더스트를 건물의 주요 구조물에 미리 뿌려두면 지진으로 인한 진동의 정도를 곧장 계산해낼 수 있다. 소방대원들이 산불을 끌 때도 스마트 더스트가 한몫을 할 수 있다. 헬리콥터로 스마트 더스트를 불 속으로 투하하면 이들은 산불에 관한 자료를 모아 헬리콥터로 보낸다. 이 정보로 산불이 번져나갈 방향을 판단하여 불길을 차단하게 된다.

스마트 더스트는 이미 중국 둔황의 석굴 안에 설치되어 있다. 석굴 안의 습도 등 환경 조건을 감시하면 벽화의 보존에 도움이 되기 때문이다.

스마트 더스트는 일상생활에 활용될 가능성이 많다. 예컨대 사무실에서 근무자의 옷에 스마트 더스트를 부착하면 실내온도를 측정하여 건물의 냉난방 장치로 신호를 보내 온도를 조절한다. 손가락에 스마트 더스트를 붙이면 컴퓨터 자판 대신 손가락의 움직임만으로도 컴퓨터를 작동할 수 있다. 또한 아기들의 기저귀에 스마트 더스트가 붙어 있으면 아기의 위치와 상태를 감시하여 위험한 상황일 때 경보가 울리게 된다. 일부에서 스마트 더스트의 사생활 침해 가능성을 제기할 만도 하다.

여럿이 가는 길이 반드시 옳은 길인가

1960년대 후반 어느 겨울 아침에 한 남자가 사람이 붐비는 뉴욕 시의 인도에 서서 60초 동안 멀거니 하늘만 쳐다보고 있었다. 그는 이 행동이 다른 사람에게 어떤 영향을 미칠지 알아보려는 사회심리학자들의 실험에 참여하고 있었다.

대부분의 행인들은 본체만체 스쳐 갔으며 4%만이 그 사내처럼 하늘을 올려다보았다. 그러나 실험에 참여하는 사람의 수를 늘리면 늘릴수록 하늘을 올려다보는 행인의 비율은 증가했다. 예컨대 다섯 명이 하늘을 응시하면 행인의 18%, 15명이면 40%가 1분 동안 가던 길을 멈추고 하늘을 쳐다보았다.

이 실험은 사람들이 다수의 행동이나 의견은 옳은 것이라고 여기는 성향이 있음을 보여주었다. 다른 사람들의 행동에 따라 어떤 행동의 옳고 그름을 결정하는 것을 사회적 증거 현상이라고 한다. 요컨대 사회적 증거에 따라 행동하면 실수할 확률이 줄어든다고 판단하기 때문에 많은 사람들은 다른 사람들이 하는 대로 행동하게 마련이다.

사회적 증거의 대표적인 사례는 텔레비전 코미디 프로그램에서 자주 사용하는 가짜 웃음이다. 가짜 웃음은 바보스럽고 어색하므로 좋아하는 사람이 많지 않을 것이다. 그럼에도 코미디 프로그램에 가짜 웃음을 많이 넣는 까닭은 시청자들이 다른 사람들의 웃음소리를 듣고 더 자주, 더 오래 웃을 뿐만 아니라 그 프로그램을 더 재미있다고 생각하는 것으로 나타났기 때문이다. 코미디 프로그램 제작자들은 사회적 증거라는 지름길에 따라 기계적으로 반응하려는 인간의 속성을 교묘히 이용한 셈이다.

가짜 웃음의 경우처럼 사회적 증거에 따라 맹목적으로 행동하는 사람들을 겨냥하는 사례는 한두 가지가 아니다. 가령 텔레비전의 상품 광고는 제품이 베스트셀러임을 강조하여 소비자들을 유혹한다. 불우 이웃 돕기 성금을 거두는 언론기관은 신문지면에 돈을 낸 명사들의 명단을 지속적으로 내보낸다. 교회에서는 공개적으로 헌금 바구니를 돌려 다른 신도들처럼 돈을 낼 수밖에 없도록 만든다.

사회적 증거에 악용되지 않기 위해서는 무엇보다 사회적 증거를 무조건 신뢰하지 않도록 노력해야 할 것이다. 특히 사회적 증거가 제공하는 정보가 의도적으로 조작되었거나 잘못투성이는 아닌지 확인해볼 필요가 있다.

4·15 총선이 며칠 남지 않았다. 어느 때보다 사회적 증거의 영향력이 엄청난 선거인 것 같다. 입후보자들의 자질과 정책보다 대통령 탄핵의 후폭풍으로 승패가 갈릴 형국이므로.

명저는 제때 소개되어야

1990년대 초 카오스 이론이 느닷없이 지식인들의 화젯거리가 된 것은 과학 출판의 중요성을 입증한 사례가 아닌가 싶다. 제임스 글리크의 『카오스』 출간을 계기로 일반인들까지 카오스 이론에 관심을 나타냈기 때문이다. 많은 사람들이 과학의 최신 이론을 접하게 된 것은 반가운 현상이 아닐 수 없었다. 그러나 한편으로는 유행이 지난 옷을 입고 좋아하는 여인네의 모습처럼 어색한 감을 지울 수 없었다. 왜냐하면 1987년 미국에서 출간된 책이 1993년에서야 번역되어 우리나라에서는 뒤늦게 카오스 이론이 사회적 관심사로 떠올랐기 때문이다.

이 책은 별로 알려지지 않은 출판사에서 펴냈다. 대형 출판사라고 해서 반드시 명저를 판별하는 능력을 갖고 있는 것은 아니라는 사실을 확인해준 셈이다. 만일 이 작은 출판사마저 『카오스』에 무관심했더라면 국내 일반 독자들은 20세기 과학혁명을 일으킨 카

오스 이론을 이해할 기회를 갖지 못했을는지 모른다.

『카오스』의 경우처럼 출간 후 한참 시간이 지난 뒤 국내에 소개된 명저는 한둘이 아니다. 예컨대 1976년 출간된 리처드 도킨스의 『이기적인 유전자』는 16년 뒤인 1992년에야 번역되었지만 오늘날까지 부동의 스테디셀러로서 많은 사랑을 받고 있다. 세계적인 명저가 뒤늦게 출간된 까닭은 물론 과학책을 평가하는 출판계의 안목에 문제가 있었기 때문이리라. 그러나 이런 책이 제때 번역되도록 노력하지 않은 생물학 교수들의 허물이 덮어지는 것은 아니다.

더글러스 호프스태터의 『괴델, 에셔, 바흐』 역시 하마터면 우리나라에 소개되지 않을 뻔했던 세계적 명저이다. 1979년 출간된 책이 20년이 지나서 1999년에 번역되었다. 척박한 과학도서 시장에서 위험을 무릅쓰고 끝내 대작을 펴낸 출판사에 격려의 박수를 보낼 만하다.

과학기술의 역사에서 큰 획을 그은 저서 중에 국내에 소개되지 않은 책들이 적지 않다. 나노기술의 최초 이론서로 자리매김된 에릭 드렉슬러의 『창조의 엔진』(1986)이 번역되고 있다는 소식은 아직 들리지 않고 있다. 이러한 명저들이 출간되지 않는 이유는 한두 가지가 아닐 테지만 무엇보다 한국과학문화재단의 책임이 없지 않은 것 같다. 2004년 총예산 170억 원 중에서 과학도서 관련 사업비는 고작해야 7,600만 원이 반영되었을 따름이다.

『카오스』의 사례처럼 과학을 일반에게 널리 알리는 최선의 방법은 겉치레 위주의 대중 동원 행사가 아니라 양서 출판임을 깨닫지 못한다면 과학 문화 운동의 성공은 보장받기 어려울 줄로 안다.

5월의 **과학나라**

아버지들을 위한 변명

　　어버이날이면 한국의 많은 아버지들은 괜히 계면쩍거나 어색한 표정을 짓는다. 자식들이 카네이션 한 송이라도 옷깃에 달아드리면 아내의 눈치를 살피며 안절부절 못한다. 어머니날을 어버이날로 바꾼 사람들이 원망스러울 따름이다. 아이를 임신시킨 것 말고는 아내처럼 자식 사랑을 해본 적이 없다고 여기는 아버지들로서는 어찌 해볼 수 없는 자격지심일 터이다.

　여자가 어머니다운 행동을 보여줄 때 몸 안에서 프로게스테론, 에스트로겐, 프로락틴, 옥시토신 등 네 종류의 호르몬이 분비된다. 프로게스테론과 에스트로겐은 난소에서 분비되는 성호르몬으로 여성의 몸을 더욱 여성스럽게 만든다. 출산 직후부터 뇌에서 분비되는 프로락틴과 옥시토신은 산모가 어머니로서 자식을 양육하는 행동을 준비하게끔 작동한다. 프로락틴은 유방에서 젖이 생산되도록 촉진하고, 옥시토신은 유선 주변 근육세포의 수축을 자극하여 젖꼭지에서 모유가 나오도록 한다.

　암컷이 수태한 기간에 수컷이 호르몬의 변화를 겪는 동물들이 없지는 않다. 일부일처 위주인 조류

의 경우 수컷은 새끼가 태어나기 전에 호르몬의 변화를 일으킨다. 또 1997년 캘리포니아 생쥐의 수컷이 훌륭하게 아비 노릇을 하고 있음이 밝혀져 학계를 놀라게 했다. 수컷 생쥐는 산파처럼 암컷의 해산을 거들고 갓난 새끼를 보살폈기 때문이다. 더욱 흥미로운 것은 수컷이 옆에 있을 경우 출산 소요 시간은 29분이었지만 곁에 없으면 55분으로 거의 2배의 시간이 걸렸다는 사실이다. 수컷이 체내에서 옥시토신을 분비하여 암컷의 해산을 자극한 것으로 짐작된다.

그동안 학계에서는 남자들이 아버지가 되는 과정에서 어머니처럼 호르몬의 변화를 겪지 않는 것으로 알려져왔다. 그런데 배우자가 임신한 동안 남자의 체내에서 프로락틴, 코티졸, 테스토스테론 등 호로몬이 변화한다는 사실을 1999년 캐나다의 앤 스토리 교수가 밝혀냈다. 코티졸은 임신 중에 여자 몸에서도 분비되는 스트레스 호르몬이고, 테스토스테론은 남성 호르몬이다. 또한 임신 기간에 예비 아버지들의 75%가량이 피로, 식욕 이상, 체중 증가를 경험한 사실이 밝혀졌다.

이처럼 사내들이 여자를 임신시켜놓고 얼렁뚱땅 몇 달을 보낸 뒤 그냥 아버지가 되는 것은 아니라는 사실이 과학적으로 입증되었다. 하지만 부성애를 모성애에 견주는 어리석은 사람은 없을 줄로 안다.

컴퓨터가 산소처럼 흔한 세상

우리나라의 인터넷 사용 인구는 2천만 명을 넘나든다. 세계 전체의 인터넷 사용자가 3억 명이고 보면 우리나라의 인터넷 열기가 엄청난 것임을 실감할 수 있다. 김대중 정부의 정보화 정책이 주효한 덕분이다.

미국 시민 1명이 해마다 정보기술에 쓰는 돈은 3천 달러이다. 그러나 방글라데시 사람들은 고작해야 1달러를 지출하고 있다. 인터넷 사용자가 세계 인구의 5%에 불과한 현실과 함께 이 자료는 정보기술이 일부 부자 나라에 의해 독점되어 있다는 것을 웅변으로 보여준다.

선진국은 정보기술을 활용하여 갈수록 부자가 되지만 후진국은 속수무책이다. 정보 격차(디지털 디바이드)가 심화되면 인류의 공존공영은 기대할 수 없다.

미국 매사추세츠 공대(MIT)의 마이클 더투조스는 정보 격차를 해소하는 한 가지 접근방법으로 '인간 중심 컴퓨터' 개념을 제시했다.

사람이 복잡한 기계에 매달리는 대신에 컴퓨터가 인간의 요구와 능력에 맞추어야 된다는 것이다. 이러한 컴퓨터가 개발되지 않으면 정보혁명은 완성될 수 없다고 주장했다.

더투조스는 인간 중심 컴퓨터를 개발하기 위해 옥시전 프로젝트에 착수한다. 옥시전은 영어로 산소를 뜻한다. 공기처럼 우리 주변에 존재하며 누구나 쉽게 사용할 수 있는 컴퓨터를 개발하겠다는 의지가 담겨 있다. 1999년 9월부터 5년 동안 5천만 달러가 투입될 계획이다.

핸디21, 인바이어로21, 넷21이 옥시전 시스템의 3대 핵심기술이다.

핸디21. 여러 종류의 통신 기능을 하나로 통합하는 휴대용 컴퓨터이다. 무선전화처럼 생겼으나 표시장치, 카메라, 적외선 검파기, 컴퓨터의 기능이 추가된다. 어느 나라에서든지 사용자는 간단한 소프트웨어 조작으로 무선전화, 라디오, 텔레비전, 컴퓨터 등으로 용도를 변경할 수 있기 때문에 '통신 카멜레온' 이라는 별명이 붙는다.

인바이어로21. 사무실 또는 집의 벽에 설치하거나 자동차 짐칸에 넣어둔다. 핸디21의 기능을 모두 갖고 있나. 여러 종류의 상지, 이를테면 센서, 전화기, 팩시밀리, 사진기, 마이크로폰 등을 조절하는 기능이 있다.

핸디21과 인바이어로21은 새로운 네트워크인 넷21에 의해 연결된다.

옥시전 시스템의 핵심은 사람과 컴퓨터가 자연언어로 대화하는 능력이다. 어디에서나 음성으로 명령을 내리면 안방 또는 자동차 짐칸의 컴퓨터가 임무를 수행하고 그 결과가 손에 든 컴퓨터 화면에 떠오르는 꿈 같은 세상이 멀지 않은 것 같다.

참고자료 | 『미완의 혁명*The Unfinished Revolution*』 마이클 더투조스 지음, 하퍼콜린스 펴냄

세포로 콩팥과 심장을 만든다

올해 안으로 인체에 인공방광을 이식하는 실험이 시도될 전망이어서 조직공학에 대한 관심이 높아지고 있다. 미국의 비뇨기학자인 앤소니 아탈라는 조직공학 기법으로 만든 방광을 사냥개에 이식하는 데 성공한 여세를 몰아 사람의 오줌통을 만든 것이다.

조직공학은 생체조직의 대용품을 만들어 이식함으로써 인체의 기능을 복원시키려는 신생 학문이다. 가장 대표적인 기술은 사람의 살아 있는 세포와 생물 분해성이 뛰어난 중합체(폴리머)를 사용하는 방법이다. 먼저 폴리머로 특정 조직이나 기관을 본뜬 입체구조의 발판을 만든다. 폴리머 발판 위로 환자 몸에서 떼어낸 조직에서 분리한 세포를 접착시킨다. 세포와 폴리머 발판을 인체에 이식한다. 이식된 세포에 주변 조직의 혈관이 자라 들어와 혈액이 공급되기 시작하면 세포는 증식하여 새로운 조직과 장기를 형성함과 동시에 폴리머는 분해되어 사라진다.

이와같이 사람의 살아 있는 세포로 만든 인체 조직이나 기관을 '네오기관'이라 이른다.

미국의 생명공학 회사들은 이미 피부, 연골, 인대, 힘줄, 혈관, 심장 판막 등 구조가 비교적 단순하고 수요가 많은 네오기관을 만들어내고 있다. 인공피부의 경우 1998년 5월 미국 식품의약국이 세포로 만든 피부를 생의학 장치로 승인했다.

피부와 연골 같은 인공조직을 만드는 기술은 그 응용 범위가 끝이 없다. 예컨대 유방 절제 수술을 한 여자의 젖가슴을 원래대로 되돌려 놓을 수 있다. 유방 모양을 본뜬 폴리머 발판 위에서 그 여자의 허벅다리 또는 엉덩이로부터 떼어낸 세포를 증식시키면 새로운 유방 조직이 성장하기 때문이다.

아탈라는 방광에 이어 콩팥 개발에 착수했다. 이처럼 조직공학자들은 단순한 인체 조직보다는 복잡한 장기의 개발을 최종 목표로 삼고 있다. 콩팥, 간, 심장 모두 폴리머 발판 기술을 사용하여 살아 있는 세포로부터 만들 수 있을 것으로 전망되기 때문이다.

의학용으로 완벽한 기능을 가진 피부는 2005년이 되기 전에 나타날 것으로 보이며 사람의 심장처럼 완전한 기관은 2015년 전후, 간은 2030년까지 개발될 것으로 보인다. 요컨대 2030년 전후로 팔다리를 포함해서 인체의 기관과 조직의 95%가 네오기관으로 교체가 가능할 것이란 전망이다.

네오기관은 장기 부족으로 죽어가는 환자들에게 희망이 아닐 수 없다. 조직공학의 가능성에 대해 수많은 사람들이 환호성을 지를 만하지 않은가.

포경수술 유행 이유 있었네

　　　　　　우리나라는 포경수술의 황금시장이다. 겨울철이면 방학을 틈타 포경수술을 시키려는 어머니에게 끌려온 소년들로 비뇨기과 병원이 붐비게 마련이다. 40대 미만 남자의 80% 이상이 포경수술을 받았을 정도이다. 현재 세계적으로 포경수술을 받는 남성은 20% 미만이며, 이슬람교와 유대교 신자를 제외하면 5%를 밑도는 것으로 추정된다. 유럽에서 영국은 6%, 덴마크는 2% 수준이다. 그러나 포경수술이 관례화된 미국 신생아의 포경수술 비율은 60%이다.

　한국이 어처구니 없게 포경수술의 세계 최고기록을 세우게 된 배경은 여러 가지가 있겠지만 무엇보다 미국 문화를 맹목적으로 흉내낸 결과가 아닌가 싶다. 요즈음 세계적 보급 속도를 자랑하는 휴대전화 열기가 보여주듯이 너도나도 한 가지 유행에 눈사태처럼 쏠리는 사회풍조가 얼마간 작용했을 터이다.

　포경수술은 이집트에서 1000년 넘게 이어져 내려온 관습으로 유대인들이 받아들여 생후 8일째 되는 날 할례를 실시한다. 종교적 또는 문화적 관습에 불과했던 포경수술이 의료시술로 바뀐 시기는 19세기 후반이다. 미국에서 포경수술이 정식 의료행위로 허가를 받은 때는 1949년이다. 포경수술을 받은 남자가 성병에 걸릴 위험이 적다는 논문이 발표된 것이 계기가 되었다.

포경수술의 의학적 효용성을 놓고 찬반 논쟁이 전개되었으나 1999년 미국 소아과학회(AAP)는 신생아의 포경수술을 반드시 해야 할 필요가 없다고 공식선언했다. 포경수술을 권고할 만큼 의학적 이득이 충분하지 않다고 결론을 내린 것이다.

그러나 2002년 봄에 스페인 바르셀로나 병원의 연구진들은 포경수술을 받은 남자를 성교 상대로 가진 여성일수록 자궁경부암에 걸릴 확률이 낮다는 논문을 발표했다. 자궁은 조롱박이 거꾸로 매달린 모양인데 그 입구가 경부이다. 1970년대에 1만 3,000명의 수녀들을 대상으로 실시한 연구에서 거의 한 사람도 자궁경부암에 걸리지 않은 것으로 드러난 반면에 성생활이 문란한 여성들에는 흔한 것으로 나타났다.

1977년 자궁경부암의 원인이 인간 유두종 바이러스(HPV) 감염인 것으로 밝혀졌다. 이 바이러스는 곤지름을 일으킨다. 곤지름은 성기나 항문 주위에 닭벼슬 모양으로 번시는 사마귀이다. 성적으로 난잡한 여자일수록 이 바이러스에 감염될 가능성이 높다. 요컨대 포경수술을 받지 않은 남자들 역시 이 바이러스에 취약하므로 성적 배우자에게 전염시켜 자궁경부암을 유발하게 된다는 것이다.

다섯 다리만 거치면 모를 사람이 없다

우리나라 네티즌 가운데 미국 컬럼비아 대학의 과학자들로부터 이메일을 받고 이들이 전 세계의 인터넷 사용자 1억 명을 대상으로 몇 달에 걸쳐 진행하고 있는 '작은 세계' 연구 프로젝트에 참여하게 된 사람들이 적지 않을 것 같다.

서양에는 지구상의 모든 사람이 다섯 다리만 건너면 어느 누구와도 안면을 틀 수 있다는 속담이 있다. 다시 말해서 서로 모르는 두 사람, 가령 에스키모 남자와 프랑스의 미녀도 기껏해야 여섯 단계밖에 떨어져 있지 않다는 것이다. 이른바 '여섯 단계의 분리'라는 개념이다.

이 개념은 간단한 계산법으로 설명될 수 있다. 우리들은 수백 명의 사람과 알고 지낸다. 만일 우리 모두가 각자 100명의 친구를 갖고 있다고 가정하면 1단계에서는 자신의 친구 100명밖에 모르지만 2단계에서는 친구 100명의 친구들인 1만 명, 3단계에서는 100만 명과 연결된다. 자신으로부터 두 다리만 건너도 100만 명과 연줄이 닿을 수 있다는 뜻이다. 4단계에서는 1억 명, 5단계에서는 100억 명이 되므로 세계 인구 60억 명의 어느 누구와도 아는 사이가 된다. 요컨대 우리는 네 다리만 건너면 샤론 스톤 또는 오사마 빈 라덴과 악수를 나눌 수 있다는 것이다.

이러한 여섯 단계의 분리 개념은 인류 모두가 긴밀하게 연결될 정도로 지구가 좁다는 의미에서 '작은 세계' 현상으로 알려져 있다.

속담 속에 담긴 작은 세계 현상의 본질을 학문적으로 연구한 최초의 인물은 하버드 대학의 사회심리학자인 스탠리 밀그램(1933~1984)이다. 1967년 밀그램은 미국 중서부의 사람들에게 편지 뭉치를 보내고 그들에게 이 편지들이 보스턴에 사는 낯선 사람들에게 도착될 수 있도록 협조해달라고 요청했다. 이 실험에 참여한 사람들은 미지의 보스턴 사람들을 알고 있을 법한 친지들에게 편지를 발송했음은 물론이다. 밀그램은 편지의 절반가량이 다섯 명의 중간 사람, 즉 여섯 단계를 거쳐 보스턴 사람들에게 전달되었음을 확인했다.

1998년 미국 물리학자인 던컨 와츠는 밀그램의 연구를 수학적으로 설명한 작은 세계 이론을 발표하고 거대한 미국의 영화 산업을 작은 세계 현상의 사례로 제시했다. 2002년 들어 와츠는 자신의 이론이 전 세계에 적용될 수 있음을 입증하기 위하여 밀그램의 편지 뭉치처럼 이메일을 사용하게 된 것이다.

작은 세계 이론은 이 지구가 너무나 좁고 우리 모두가 연줄로 끈끈하게 얽혀 있다는 사실을 일깨워준다.

선사시대 예술에 반인반수 등장

세계의 신화와 전설에 등장하는 상상동물들은 현대동물학의 기준으로 분류할 수 없는 황당무계한 괴물들이 대부분이다. 우로보로스와 히드라처럼 파충류, 봉황과 피닉스처럼 조류, 유니콘과 해태처럼 포유류로 분류 가능한 상상동물도 적지 않지만 종류가 가장 많고 기상천외한 괴물들은 아무래도 잡종동물인 것 같다. 상이한 동물끼리 기묘하게 결합된 잡종동물은 오늘날 유전공학의 발달을 예견이나 한 것처럼 그 종류가 부지기수이며 사람과 동물의 혼합체 역시 인간의 상상력이 얼마나 위대한지를 유감없이 보여주고 있다.

상이한 동물끼리 결합된 잡종동물에는 그리핀(사자와 독수리), 미르메콜레온(사자와 개미), 바실리스크(뱀과 수탉), 페리톤(사슴과 새) 등 두 가지 동물이 합쳐진 것뿐만 아니라 아메마이트(사자, 악어, 하마), 키마이라(사자, 염소, 뱀), 카토블레파스(물소, 하마, 흑멧돼지) 등 세 종류의 동물이 한 몸이 된 것들도 등장한다.

사람과 다른 동물, 예컨대 개, 황소, 사자, 뱀, 물고기 따위와의 혼합체는 신화와 전설에서 맹활약하는 상상동물이다. 그리스 신화에 등장하는 미노타우로스는 사람의 몸에 황소의 머리와 어깨가 달려 있다. 사티로스는 허리 위는 사람, 허리 아래는 염소인 반인반수의 괴물이

다. 가장 조화를 이룬 상상동물로 손꼽히는 켄타우로스는 머리에서 허리까지 사람이고 나머지는 말의 형상이다. 이리인간이나 인어 역시 사람과 동물의 혼합체이다. 그리스 신화의 창조물인 메두사, 세이렌, 하르피아 등 여자의 모습을 닮은 혼성동물은 사람을 괴롭히는 무서운 마녀들이다.

이러한 반인반수의 상상동물은 신화와 전설에 출몰할 뿐만 아니라 선사시대의 그림과 조각에도 모습을 나타내고 있다. 2001년 오스트레일리아와 영국의 암벽예술 전문가들은 유럽, 아프리카, 오스트레일리아의 바위에 있는 그림과 조각 작품 5,000개 가량을 탐사하고, 1만여 년 전에 그려지거나 새겨진 것으로 짐작되는 반인반수 작품을 십여 개 찾아냈다. 가장 오래된 것은 3만 2000년 정도 된 듯한 독일의 조각품이다. 고양이 머리가 달린 자웅동체의 사람이 바위에 새겨져 있다. 이들은 제작 시기를 방사성 탄소로 측정하지 않고 작품의 특징에 따라 판단했기 때문에 반인반수의 암각예술이 인류의 가장 오래된 작품이라는 주장에 회의적인 사람들이 없지 않다. 어쨌든 이들의 연구로 초기 인류가 초자연적인 합성동물을 창조해냈다는 사실이 처음으로 확인되었다.

축구 경기에 홈 어드밴티지 많아

사람과 같은 척추동물의 공격적인 행동은 호르몬과 깊은 관계가 있다. 특히 싸움할 준비 상태의 수준, 즉 공격성에 가장 영향을 미치는 것은 테스토스테론이다. 정자를 만드는 조직인 정소에서 분비되는 남성 호르몬이다.

수탉을 거세하면 홰를 치거나 울지도 않고 싸우려 들지 않지만 정소를 복강 안에 이식하면 이런 행동을 다시 나타낸다. 정소의 유무, 곧 테스토스테론의 분비 여부가 공격성을 좌우하기 때문이다. 이와 비슷한 효과가 칼꼬리송사리, 무늬자라, 담장도마뱀, 밤왜가리, 메추라기, 생쥐, 침팬지에서도 증명되었다.

동물의 공격 행동은 터 공격, 순위 공격, 성적 공격, 도덕적인 공격 등 여러 형태가 있지만 가장 일반적인 것은 터 공격이다. 터는 동물이 공격 또는 광고를 통해 다른 동물을 물리침으로써 다소 독립적으로 점유하는 영토 또는 세력권을 뜻한다. 터를 유지하기 위한 텃세행동은 동물계에서 널리 볼 수 있다. 주요 자원인 먹이, 은신처, 생식을 위한 공간을 마련해야 하기 때문이다. 사람 역시 예외일 수 없다. 인간의 텃세행동은 수렵채집사회의 일반적 특성이었다고 보는 견해가 우세하다.

스포츠 심리학자들은 이러한 텃세행동과 경기 결과의 상관관계를 연구하고 있다. 가령 안방에서 시합할 때와 적지에 원정 갔을 때의 성적이 다를 수 있다는 것을 입증해보려는 시도이다. 이른바 홈 경기의 이점(홈 어드밴티지)이 텃세행동과 무관할 수 없음을 과학적으로 밝히려는 연구인 셈이다.

스포츠 심리학에서는 야구와 축구는 적지보다 안방에서 싸울 때 다소 유리하지만 경기장이 훨씬 좁은 농구와 하키는 홈 어드밴티지가 상당히 많다고 주장한다. 야구의 경우 미국 프로야구 월드 시리즈에서 홈 경기의 이점이 확인되었다. 1924년부터 1982년까지 5차전 이상을 가진 월드 시리즈 경기를 분석한 결과 안방 승률이 60%로 적지의 40%보다 높게 나타났기 때문이다.

최근 영국 심리학자들은 축구 시합에서 홈 어드밴티지가 상당히 많다는 연구 결과를 발표했다. 시합을 앞둔 선수들의 침을 채취한 실험에서 적지보다 안방에서 싸울 때 테스토스테론의 분비량이 치솟았으며 문지기 선수가 특히 그러했다. 요컨대 동물의 텃세행동이 테스토스테론의 영향을 받는 것처럼 안방에서 싸우는 선수들의 몸에서 테스토스테론이 많이 분비된다는 것이다. 그러나 관중의 응원이나 심판의 판정이 홈 어드밴티지에 미치는 영향은 아직 과학적으로 확인되지 않고 있다.

참고자료 | 『사회생물학』 에드워드 윌슨 지음, 민음사 펴냄
영국심리학회 홈페이지 www.bps.org.uk

남자의 젖꼭지는 쓸모없을까

　　　　　　　　남자의 몸에 아무짝에도 쓸모없어 보이는 젖꼭지가 왜 달려 있을까.

　4,500종의 포유동물 중에 젖을 분비하는 수컷이 있으리라고 의심한 생물학자는 없었다. 그런데 1994년 말레이시아에서 산 채로 붙잡힌 데이악(dayak) 큰박쥐의 수컷 열 마리가 모두 젖으로 부풀어오른 유선(젖샘)을 갖고 있는 것으로 밝혀졌다. 그렇다면 정녕 수컷도 암컷처럼 젖을 분비할 수 있단 말인가.

　포유류의 수컷은 모두 암컷처럼 유선을 갖고 있다. 영장류의 경우 사춘기 전까지 암컷과 수컷의 유선은 별로 차이가 나지 않지만, 사춘기를 지나면 호르몬의 영향으로 암수의 유선에 현저한 차이가 발생한다. 암컷이 임신을 하면 유방의 팽대와 유즙의 생산을 촉진하는 호르몬, 예컨대 에스트로겐, 프로게스테론, 프로락틴이 분비된다.

　이러한 호르몬을 주입하면 암컷뿐만 아니라 염소나 송아지 따위의 수컷들도 유방이 커지면서 젖을 생산하게 된다. 물론 수소가 암소보다 훨씬 적은 양의 우유를 내놓지만, 젖샘 조직이 발달되지 않은 점을 감안할 때 놀라운 일이 아닐 수 없다. 사람의 경우는 이러한 호르몬을 투입하여, 임신하지 않은 여자는 물론이고 사내들조차 유방이 발달하고 젖이 분비된 사례가 적지 않다. 에스트로겐으로 치료 중인 암환자들에게 프로락틴을 주입했는데, 남녀 모두 젖을 분비한 것이다.

또한 젖꼭지를 단순히 기계적으로 자극하여 유즙을 분비시킬 수 있다. 유두를 반복하여 자극하면 남녀 모두 프로락틴의 분비가 촉진되기 때문이다. 양모들이 입양아를 가슴에 안고 3~4주를 지내면 약간의 젖이 나오는 것도 같은 이치이다.

호르몬 분비에 이상이 생겨 남자의 유방이 커지고 가끔 젖이 흘러나온 사례도 있다. 2차 세계대전 뒤 풀려난 전쟁포로 중에서 수천 명이 그러한 현상을 나타냈는데, 일본군 포로수용소 한 곳의 생존자 가운데서 무려 500명이 젖을 찔끔찔끔 흘린 것으로 관찰되었다. 굶주림으로 내분비 계통에 이상이 발생했기 때문이라고 추측된다.

이러한 사례들은 남자들이 생리적으로 얼마든지 젖을 분비할 수 있는 능력을 갖고 있음을 보여준다. 단지 남자들은 정상적인 조건에서 이러한 능력을 활용할 수 있게끔 진화되지 못했을 따름이다. 다시 말해 남자들은 유즙 분비를 위한 하드웨어를 갖고 있음에도 자연 선택에 의해 그것을 사용하는 소프트웨어를 가질 수 없게 된 셈이다. 그렇다면 먼 훗날 젖을 분비하는 아버지들이 아기를 양육하는 세상이 올지 누가 알랴.

제3의 환경문제, 아시아의 갈색 구름

지구 온난화와 오존층 파괴에 이어 '아시아의 갈색 구름'이 지구의 기후를 위협하는 제3의 환경문제로 부각되기 시작했다. 2002년 8월 지구 정상회의를 준비하던 유엔환경계획(UNEP) 기후학자들의 보고서에 등장하여 널리 알려진 용어인 '아시아의 갈색 구름'은 인도, 방글라데시, 동남아시아, 중국의 하늘을 뒤덮고 있는 두께 3km의 스모그 구름을 가리킨다. 인도에서 동쪽으로 수천 마일 펼쳐진 거대한 갈색 구름은 공장 굴뚝의 오염물질, 자동차 배기가스의 일산화탄소, 땔감 나무의 검댕으로 어우러져 있다.

아시아의 갈색 구름은 산업화를 서두르는 인도와 중국에서 석탄과 같은 화석연료의 소비량이 급증하면서 비롯된 것으로 밝혀졌다. 갈색 구름의 미세한 입자, 곧 에어로졸(연무질)로 말미암아 대기가 흐려지는 이른바 헤이즈(haze) 현상이 일상화됨에 따라 기상이변과 환경재해가 속출하는 것으로 확인되었다.

헤이즈는 아시아의 여러 지역에서 기후 변화를 초래한다. 우선 헤이즈는 햇빛을 흡수함과 아울러 대지의 기온을 냉각시킨다. 인도의 경우 헤이즈가 햇빛을 10%까지 감소시키는 것으로 밝혀졌다. 이로 인해 인도 전체 곡물 수확량이 3~10% 줄어들 가능성이 높다. 중국의 경우 온실효과 기체로 기온이 상승했지만 남부에서는 헤이즈가 1950년대 이후 10년마다 햇빛을 2~3% 차단함에 따라 기온이 내려간 것으로 나타났다.

또한 헤이즈는 아시아의 여러 지역에서 기온을 근본적으로 변화시켜 비가 내리는 장소와 강수량에 결정적인 영향을 끼친다. 인도 하늘의 헤이즈는 몬순(계절풍)의 강수량을 변화시켜 남쪽에는 홍수를 일으키고 북쪽에는 가뭄을 몰고 온다. 아시아의 갈색 구름은 호흡기 계통의 질병을 유발하여 사람의 목숨을 빼앗기도 한다. 이로 인해 해마다 인도에서 50만 명, 동남아시아와 남부 중국에서 140만 명이 사망하는 것으로 추정된다.

구름은 세계 전역으로 신속히 피져나길 수 있으므로 아시아의 갈색 구름은 아시아 지역의 문제로 끝날 수만은 없다. 유엔이 이 문제 해결에 관심을 가질 만도 하다. 다행히 헤이즈는 오랫동안 축적된 온실효과 기체보다 대처하기 쉽다. 헤이즈는 가령 석탄 사용량을 줄인 뒤 수주일 동안 비가 내려 하늘을 씻어내면 사라질 수 있기 때문이다.

2008년 올림픽을 앞두고 베이징의 맑은 하늘을 되찾기 위해 중국 정부가 대도시 가정에 연탄 대신 천연가스 사용을 권장하는 까닭도 여기에 있다.

나노기술과 나노오염 사이

석탄과 다이아몬드는 똑같이 탄소 원자로 구성되어 있지만 원자 배열 상태가 달라 하나는 값싼 땔감으로, 다른 하나는 값비싼 보석으로 사용된다. 이처럼 물질의 특성과 값어치는 원자들의 배열에 따라 결정된다. 따라서 원자들의 배열을 바꿔줄 수 있다면 얼마든지 새로운 물질을 만들어낼 수 있다.

원자의 크기는 나노미터로 측정된다. 1나노미터는 10억분의 1미터로, 사람 머리카락 굵기의 10만분의 1에 해당된다. 이와 같이 극미한 원자나 분자를 개별적으로 다루어 전혀 새로운 성질과 기능을 가진 물질을 만드는 기술을 나노기술이라 한다.

나노기술은 초창기에는 반도체 소자의 제조공정처럼 이미 존재하는 거시물질에서 출발하여 점차적으로 크기를 축소해가면서 원자 크기의 나노구조물을 제작하는 하향식 기술에 의존할 수밖에 없다.

그러나 궁극적으로는 나노미터 크기의 기본구성 물질을 만든 다음에 마치 레고 블록을 조립하듯이 이것들을 하나하나 쌓아 올려 큰 구조물을 만드는 상향식 기술로 나아가게 될 것이다. 말하자면 상향식 나노기술은 원자나 분자가 스스로 물질을 형성하는 자기조립 능력을 이용하는 것이다.

　　자기조립을 하는 나노구조물의 대
표적인 사례는 탄소나노튜브이다. 나
노기술에 뛰어든 세계적인 기업들은
이 물질을 이용한 제품의 상용화를 서
두르고 있다. 양산을 앞둔 것으로는 텔레
비전과 컴퓨터의 평판 디스플레이 장치,
가스탐지용 센서, 연료전지에 필요한 수소
저장장치를 꼽을 수 있다. 그 밖에도 탄소나노
튜브는 항공우주, 생명공학, 보건의료 등 다양한
분야에서 신제품을 탄생시킬 것으로 기대를 모으고 있다.

　　그런데 지난 3월 열린 미국화학회에서 황금알을 낳는 거위로 여겨
진 탄소나노튜브가 독성을 지니고 있다는 연구보고서가 발표되어 나
노기술 전문가들에게 충격을 던졌다. 과학자들은 탄소나노튜브를 쥐
의 폐 조직에 주입한 결과 질식사했다고 밝히고 인체에 치명적인 상처
를 입힐 수 있음을 경고했다. 이를 계기로 나노 크기의 입자, 곧 나노
입자가 인체의 건강과 환경에 나쁜 영향을 끼칠지 모른다는 이른바 나
노오염의 문제가 제기되기에 이르렀다.

　　탄소나노튜브는 덩어리일 때는 문제가 없던 물질도 나노 크기의 입
자가 되면 높은 독성을 지닐 가능성이 높다는 것을 보여주었다. 각종
화장품 등 나노기술을 활용한 제품이 일상생활에 파고드는 상황에서
나노오염에 대한 대책을 서둘러 마련해야 될 것 같다.

신경공학에는 신경윤리가 필요하다

현대과학이 아직까지 해결하지 못한 대표적인 숙제는 사람의 뇌와 마음의 관계이다. 이 문제는 2300년 전 아리스토텔레스가 처음으로 제기했을 때보다 사정이 별로 나아진 것은 없다. 그러나 신경과학자들은 마음의 생리적 기초를 이해하기 위하여 뇌의 기능을 지도로 표시하는 작업에 몰두하고 있다.

뇌의 지도 제작은 두 가지 방향에서 진행되고 있다. 하나는 뇌에서 발견되는 유전자를 분석하여 유전자의 기능에 따라 지도를 작성하는 연구이다. 다른 하나는 컴퓨터 기술의 도움으로 뇌의 내부를 간접적으로 들여다보고 마음의 활동과 관련된 뇌의 영상을 찾아내서 지도를 만드는 연구이다.

대표적인 뇌 영상 방법으로는 컴퓨터단층촬영(CT), 양전자방출단층촬영(PET), 자기공명영상(MRI)이 있다. 마음을 하나씩 읽어나가는 영상 장비에 의해 뇌의 지도가 작성되면 뇌의 신비가 벗겨질 것이다. 이를테면 사고의 대륙, 정서의 섬, 의식의 골짜기, 언어의 바다 등 미지의 영역이 그 모습을 드러낼 것이다.

뇌 연구는 두 가지 측면에서 관심을 끈다. 첫째 알츠하이머병, 우울증, 마약중독, 정신분열증 따위의 질환을 이해하는 길이 열린다. 둘째,

마음의 인지 및 정서 기능, 특히 의식의 생물학적 기초가 밝혀지면 마침내 우리가 우리 자신의 내면을 들여다볼 수 있게 된다.

신경과학의 연구가 성과를 거둠에 따라 신경공학이라는 새로운 기술이 출현하게 되었다. 신경공학은 신경생리학 이론을 바탕으로 사람 뇌를 임의로 조작하는 기술이다. 미국 물리학자인 프리먼 다이슨이 그의 저서 『상상의 세계』(1997)에서 강조한 바와 같이 신경공학은 정보기술과 생명공학 못지않게 중요한 기술로 부상할 전망이다. 왜냐하면 신경공학이 뇌의 질환을 치료하는 데 머물지 않고 뇌의 기능을 개량하는 목적에 동원될 가능성이 높기 때문이다.

이러한 문제는 생명공학 분야에서 제기된 쟁점과 거의 유사하다. 생명공학에서는 가령 유전자 치료가 질병 유전자의 제거에 머물지 않고 지능이나 외모 등을 개량하는 유전자의 보강에 이용될 가능성을 우려한다. 유전자가 보강된 슈퍼 인간과 그렇지 못한 자연 인간으로 사회 계층이 양극화될 수 있다는 것이다.

신경과학자들 역시 신경공학이 발달하면 경제 능력에 따라 지능이 향상된 수재들과 타고난 머리의 범인들로 나뉘게 될 것을 염려한다. 생명공학으로 '생명윤리'가 강조된 것처럼 신경공학으로 '신경윤리'에도 관심을 가질 때가 된 것 같다.

예티의 머리카락일까

지난 3월 영국의 텔레비전 다큐멘터리 제작진이 히말라야 산록에 있는 부탄 왕국의 숲 속에서 예티의 것으로 보이는 머리카락을 찾아냈다. 이들은 영국으로 돌아온 즉시 옥스퍼드 대학의 유전학 교수인 브라이언 시키즈에게 분석을 의뢰했다.

예티는 히말라야산맥의 눈 속에 살았고 사람처럼 생겼기 때문에 '설인'이라 불리는 괴물이다. 털북숭이에다 야행성이고 키는 2m 정도.

1921년 예티는 서방 언론에 처음으로 대서특필되었다. 에베레스트 산을 향해 등반하던 사람들이 높은 산악지대의 눈 속에서 검은 물체가 움직이는 것을 쌍안경으로 보았으며, 사람의 것보다 세 배가량 큰 발자국을 발견했다. 길을 안내하던 셰르파들은 자기들의 말로 이 발자국은 '눈 속의 괴물'의 것이라고 설명했다. 그러나 훗날 이 사실이 신문에 보도되는 과정에서 엉뚱하게 '혐오스러운 눈사람'으로 잘못 번역되는 착오가 일어났다.

사실상 예티는 '혐오스러운' 동물도 아니며 눈 속에 살지도 않는다. 안개 자욱한 계곡에 조용히 살고 있다. 그러나 거처를 옮길 때 눈 위에 발자국을 남길 수밖에 없다. 또한 예티는 눈사람처럼 피부가 하얀 동물도 아니며 혼자가 아니라 숫자가 많은 것으로 짐작된다.

　1951년 예티의 인기가 급상승했다. 등반가인 에릭 십턴이 에베레스트산을 탐험하는 도중에 눈 속에서 사람의 것으로 보기에는 너무 큰 발자국을 발견하고 사진으로 찍었기 때문이다. 길이는 33cm, 너비는 20cm나 되었다.

　1960년에는 에드먼드 힐러리 경이 예티의 발자국을 찾아 나섰다. 힐러리 경은 세계 최초로 에베레스트산을 정복한 인물이다. 그는 티베트의 불교 사원에서 예티의 가죽으로 만들어졌다는 테 없는 모자를 빌려 왔지만 실험 결과 염소 가죽으로 판명되었다. 이 사건이 빌미가 되어 예티에 대한 대중의 관심은 퇴조하기 시작했다.

　시키즈 교수의 유전자 분석 결과 머리카락은 사람이나 곰의 것이 아니라 난생 처음 보는 정체불명의 것으로 밝혀졌다. 디큐멘터리 제작진과 동행한 과학자들은 이 머리카락이 발견된 나무 근처에서 몇 시간 전에 지나간 듯한 낯선 발자국들을 발견했다고 말했다.

　이러한 사실은 과학 주간지인 《뉴사이언티스트》에 보도되었는데, 이 기사는 머리카락이 예티의 것일 수 있다는 논조로 작성되어 예티의 존재 가능성을 강하게 암시하고 있다.

개미의 떼 지능 응용한 소프트웨어

아프리카 초원에 사는 버섯흰개미는 높이가 4m 나 되는 둥지를 짓고 산다. 개개의 흰개미는 집을 지을 만한 지능이 없지만 흰개미 집합체는 역할이 다른 여왕개미, 수개미, 병정개미, 일개미의 상호작용을 통해 거대한 탑을 만들 수 있다. 이와 같이 하위수준(낱낱의 개미)에는 없지만 상위수준(개미의 집합체)에서 자발적으로 돌연히 출현하는 행동을 '떼 지능'이라 한다. 떼 지능은 개미, 흰개미, 꿀벌, 장수말벌 따위의 사회성 곤충에서 보편적으로 나타나는 집단적 행동이다.

프랑스의 에릭 보나부 등 유럽의 컴퓨터 과학자들은 떼 지능을 이용해 다양한 소프트웨어를 개발하고 있다.

떼 지능을 본떠 개발 중인 대표적 소프트웨어는 네 종류가 있다.

첫째, 개미 떼가 먹이를 사냥하기 위해 이동하는 모습을 응용한다. 개미는 지나가는 길에 페로몬을 뿌리고 이 냄새로 길을 찾아 먹이와 보금자리 사이를 오간다. 개미가 냄새를 추적하는 행동을 본뜬 소프트웨어는 일종의 인공개미인 셈이다. 인공개미의 궤적 추적능력은 전화회사들을 흥분시킨다. 통화량이 폭주하는 네트워크에서 인공개미가 마치 교통정리를 하는 경찰관처럼 통화 체증을 해소해줄 수 있을 것이기 때문이다.

둘째, 개미 떼가 힘을 합쳐 무거운 먹이를 운반하는 상호 작용을 흉내내어 여러 대의 로봇이 협동하여 일을 처리하도록 하는 소프트웨어가 개발되고 있다.

셋째, 개미 떼가 죽은 동료들을 한쪽으로 모아두거나 유충을 구분하는 방법을 모방하여 은행에서 고객의 자료를 분석하는 소프트웨어를 개발 중이다.

넷째, 꿀벌 사회의 분업체제를 활용하는 것이다. 꿀벌 떼가 일을 분담하는 방식을 본떠 생산공장의 조립 공정을 효율적으로 운영하는 소프트웨어가 연구되고 있다.

이와 같이 떼 지능의 응용분야는 다양하고 광범위하지만 소프트웨어 개발은 걸음마 단계이다. 무엇보다 사회성 곤충의 행동에 대해 밝혀지지 않은 부분이 적지 않기 때문에 컴퓨터 과학자들은 많은 어려움을 겪고 있다.

떼 지능 연구에 대해 우려하는 목소리도 만만치 않다. 가령 인공개미에게 많은 일을 맡겼을 경우 사람의 힘으로 제어할 수 없는 상황이 발생하지 말라는 법이 없다는 것이다. 예컨대 다른 전화회사의 네트워크에 침입하여 제멋대로 날뛰는 인공개미들이 출현하더라도 속수무책일 것이기 때문이다. 게다가 인공개미 떼가 전화 네트워크를 파괴하는 괴물로 둔갑하는 불상사가 생긴다면 어떻게 할 것인가.

참고자료 | 『떼 지능Swarm Intelligence』 에릭 보나부 지음, 옥스퍼드대 출판부 펴냄   6월의 과학나라
떼 지능 로봇 사이트 www.cs.ualberta.ca/~kube

자존심과 폭력성은 어떤 관계인가

　　히말라야의 고요한 나라 네팔 왕궁에서 왕세자의 총기 난사로 국왕 부부 등 왕족이 떼죽음을 당하는 사건이 발생했다. 왕세자는 영국 명문학교인 이튼 출신으로 알려졌다.

　　20세기 초 과학자들은 폭력을 유발하는 요인인 가난, 매춘, 알코올 중독 따위가 정신박약으로부터 비롯되며 정신박약은 유전된다고 생각했다. 따라서 살인율이 급등한 1930년대 미국에서는 우생학 운동이 기승을 부렸다. 우생학은 환경보다는 유전이 인간의 사회적 행동을 결정한다고 전제하기 때문에 생물학적 열등인간의 제거를 당연시했다. 가령 시어도어 루스벨트 미국 대통령은 "범죄인은 단종되어야 하고 정신박약자에 대해서는 자손을 남기지 못하도록 해야 한다"고 공언할 정도였다.

　　그러나 인간이 공격적 성향을 타고난다는 주장을 뒷받침하는 생물학적 증거는 아직 발견되지

않았다. 요컨대 유전과 환경의 복잡한 상호작용이 인간행동에 영향을 끼치고 있다는 사실을 망각해서는 안 될 것이다.

공격적 성향을 지닌 사람은 자존심이 낮다는 게 오랫동안 상식이었다. 따라서 학교에서 교사들은 문제 학생들의 자존심을 살려주는 방법이 폭력적 언행을 자제시키고 학업 성적을 끌어올리는 최선책이라고 생각한다. 부모들 역시 말썽꾸러기 자식들을 심하게 꾸짖으면 심리적 상처로 불량배가 될지 모른다는 고정관념으로 잘못된 행동을 하더라도 나무랄 엄두조차 내지 못한다. 이처럼 낮은 자존심이 폭력을 유발한다는 이론은 학계의 정설이었다.

그러나 미국의 사회심리학자인 로이 바우마이스터는 '낮은 자존심 이론'에 이의를 제기한다. 자신을 부정적으로 보는 사람들은 위험 부담이 많은 폭력적 행동을 하기는커녕 만사에 미적지근하게 대처한다는 사실을 밝혀냈기 때문이다. 자존심이 높은 사람일수록 공격적인 성향이 강하다는 이른바 '위협받는 자부심 이론'을 제안한 것이다.

바우마이스터가 분석하기에는 이리그의 사딤 후세인 대통령은 자존심이 강하기 때문에 호전적이다. 살인자나 강간범은 남보다 우월하다고 생각하기 때문에 모욕을 당하면 일을 저지른다. 거리의 깡패나 골목대장들은 다른 사람보다 잘났다고 착각하기 때문에 자존심을 건드리면 폭력을 휘두른다.

이 이론이 물론 자존심이 강한 사람들은 모두 공격적이라고 주장하는 것은 아니라는 사실을 유념할 필요가 있다. 네팔 왕세자는 자존심이 손상당해 순간적으로 부모를 살해한 것은 아닐까?

공포의 생물무기 탄저균

생물학 무기 중에서 가장 인기가 높은 것은 탄저균이다. 탄저병은 소나 양 따위의 가축에 발생하는 전염병이다. 탄저균에 감염된 가축은 입과 직장의 출혈로 심한 패혈증을 일으켜 2~3일 안에 죽게 된다.

탄저균 자체는 사람에게 전염성이 약하기 때문에 거의 질병을 일으키지 않는다. 그러나 탄저균이 만드는 포자를 사람이 호흡하면 탄저병에 걸리게 된다. 약 1만 개의 포자가 허파 깊숙이 들어가면 림프절로 이동한 뒤 발아하여 증식한다. 이 세균들이 분비하는 독소로 말미암아 약 3일 안에 발병하여 마침내 죽게 된다. 사람이 탄저병에 걸리는 경우 특별히 '비탈저'라 이른다.

탄저균은 전염병을 미생물로 이해하기 시작한 19세기에 연구된 최초의 병균 중 하나이다. 1876년 독일의 코흐는 탄저병을 일으키는 미생물을 고깃국물로 만든 배양액 속에 넣어두면 동물의 몸 밖에서도 자랄 수 있다는 것을 발견했다. 1881년 프랑스의 파스퇴르는 탄저병에 대한 동물 백신을 처음으로 만들었다.

탄저균을 무기로 사용하려는 시도는 그 역사가 깊다. 1차 세계대전에서 상대방의 가축을 몰살시키기 위해 탄저균을 살포하려고 한 적이 있다. 2차 세계대전 중에는 미국, 일본, 독일, 소련, 영국 등이 경쟁적으로 탄저균을 생물학 무기로 개발했다. 특히 일본은 만주에 창설한 731부대에서 탄저균을 포함해 콜레라, 천연두, 선페스트 등 각종 세균을 개발하면서 수천 명의 전쟁 포로를 죽였다.

1979년 소련의 한 도시에서 탄저균으로 수많은 가축과 70여 명이 갑자기 사망하는 사건이 일어났다. 1992년 옐친 러시아 대통령은 탄저균이 생물무기를 개발하던 군사 연구소에서 누출된 것이었음을 시인했다.

탄저균이 생물무기로 각광을 받는 이유는 한두 가지가 아니다. 무엇보다 살상능력이 위력적이다. 탄저병 발병 뒤 첫날 안에 항생제를 다량 복용하지 않으면 80% 이상이 사망한다. 천연두의 사망률이 30%인 것에 비교할 때 치명적인 질병임을 알 수 있다. 또한 핵무기 못지않은 대량 살상능력이 있다. 탄저균 100kg을 대도시 상공 위로 저공 비행하며 살포하면 100만~300만 명을 죽일 수 있다. 1메가톤의 수소폭탄에 맞먹는 살상 규모이다.

탄저균이 주목받는 또 다른 이유는 테러리스트들의 수중으로 들어갈 때 민간인의 생명이 위태롭기 때문이다. 일본의 옴진리교가 탄저균을 도쿄 시내에 퍼뜨리려다 실패한 적이 있다.

흑인들은 왜 스포츠에 강할까?

프랑스 우익정당 국민전선의 우두머리 장마리 르펜(73)은 "흑인들이 많은 프랑스 월드컵 대표팀은 진정한 국가대표팀이 아니다"고 인종 차별 발언을 서슴지 않았다. 그러나 앙리, 튀랑 등 검은 피부의 선수들이 없었더라면 프랑스의 세계 축구 제패가 용이하지는 않았을 것이다.

검은 피를 대거 수혈하여 1998 월드컵 축구대회에서 우승한 세계 랭킹 1위의 프랑스가 2002 한-일 월드컵 개막전에서 처녀 출전한 검은 대륙의 세네갈에 무릎을 꿇었다.

흑인들은 이미 축구 종주국 잉글랜드를 비롯해 브라질, 벨기에, 폴란드 등 거의 모든 국가의 대표팀에서 백인들 못지않게 맹활약하고 있다. 검은 피부는 다른 운동경기에서도 백인들을 앞지르기 일쑤이다. 예컨대 단거리 경주에서 마라톤까지 트랙 및 필드 종목에서 세계 기록을 거의 거머쥐고 있다. 가령 100m 달리기에서 10초 벽을 깬 선수들은 모두 흑인이다.

2000년 로스앤젤레스 마라톤대회에서는 1위부터 5위까지 케냐 출신이 독차지할 정도였다. 흑인들은 미국의 프로야구와 프로농구에서도 발군의 실력을 발휘하고 있다. 미국 프로농구의 경우 1960년대에는 백인 선수가 80%, 흑인 선수가 20%였으나 이 비율이 역전되어 도리어 흑인선수가 80%를 점유하는 실정이다.

흑인이 세계 60억 인구의 12%밖에 되지 않는데도 달리고 뛰어오르고 참을성이 요구되는 운동경기에서 세계적인 선수를 다수 배출하는 현상은 스포츠 과학의 연구 주제가 되고 있다.

일부 과학자들은 흑인들이 키에 비해 길고 홀쭉한 다리를 갖고 있기 때문에 마라톤과 같은 장거리 경주에서 탁월하며, 체지방의 비율이 낮고 특수 근육이 발달하여 단거리 달리기를 잘하고, 큰 키 덕분에 프로 농구에서 유리하다는 식의 주장을 펼친다. 말하자면 흑인들은 이러한 운동에 적합한 능력을 타고난다는 것이다.

물론 이러한 주장은 과학적으로 입증하기 쉽지 않을 뿐만 아니라 인종 차별주의에 함몰될 위험이 적지 않다는 비판을 면키 어렵다. 왜냐하면 사람의 행동은 유전과 환경, 본능과 문화 사이의 복잡한 상호작용의 결과이기 때문이다.

요컨대 흑인 선수들의 성취는 피와 땀의 합작품인 셈이다. 흑인이 오로지 세 가지, 즉 축구, 농구, 트랙 및 필드 경기에서만 백인을 압도하는 것도 이러한 결론을 뒷받침한다. 가령 수영, 양궁, 탁구, 레슬링, 럭비, 카누, 스케이트, 스키, 체조, 태권도, 자동차경주 등은 백인종과 황인종이 자웅을 겨루고 있다.

현충일에 곱씹는 대학살 광기

이번 현충일은 월드컵 축구대회의 뜨거운 열기 속에 맞게 되어 그 의미가 퇴색되지 않을까 걱정스럽다. 국립묘지에 잠든 무명용사들은 대부분 냉전시대의 이념 대립으로 애꿎게 죽어간 젊은이들이다.

냉전체제가 종식된 오늘날에도 지구촌 곳곳에서는 인종 및 종교 갈등으로 수백만 명의 희생자와 난민이 양산되고 있다. 팔레스타인, 보스니아, 카슈미르, 동티모르, 소말리아, 코소보 등 분쟁지역은 열 손가락이 모자랄 정도이다. 분쟁의 도화선은 대개 종족 갈등이며 인종 청소로 귀결된다. 예컨대 유고 연방의 세르비아 군대가 코소보 주민을 학살한 것처럼 제노사이드(genocide)가 거침없이 자행되고 있는 것이다.

제노사이드는 특정 집단을 절멸시킬 목적으로 그 구성원을 대량 학살하는 행위를 뜻한다. 1944년 법률학자인 라파엘 렘킨이 국제법에서 집단 학살을 범죄 행위로 규정할 것을 제안하면서 처음 사용한 용어이다. 제노사이드를 공식적으로 처음 범죄로 인정한 것은 1945년 2차 대전 직후 유태인을 학살한 나치의 전범을 기소할 때였다.

1948년 유엔 총회에서 제노사이드에 관한 협약이 승인되었으며 특정 국가·종족·인종 또는 종교집단을 전부 또는 부분적으로 파괴할

의사를 갖고 자행하는 행동을 제
노사이드 범죄라고 정의했다.

이 정의에 따르면 제노사이
드는 인류의 문명만큼이나 오
랜 역사를 갖고 있다. 예컨대
그리스와 트로이, 로마와 카르
타고, 신라와 백제는 전쟁 중에
주민을 학살했다. 성지 회복을 겨냥
한 십자군은 1099년 예루살렘을 점령했을
때 유태인을 교회당으로 밀어 넣고 태워 죽였다. 유태인은 미국 인디
언과 함께 여러 차례 제노사이드의 과녁이 되었던 비운의 종족이다.

20세기 들어 무기의 발달로 희생자가 1천만 명을 웃도는 제노사이
드가 두 차례 발생한다. 한 번은 러시아 정부가 공산혁명의 마무리를
위하여 11년간(1929~1939)에 걸쳐 같은 민족인 2천만 명의 정치적 반
대자를 숙청했으며, 다른 한 번은 2차 대전 중에 나치가 유럽 점령지
에서 유태인과 집시를 학살했다.

현충일에 즈음하여 러시아의 반체제자 숙청처럼 정치적 갈등으로
같은 핏줄을 학살한 사례를 떠올리지 않을 수 없다. 예컨대 우간다 독
재자 이디 아민의 동포 살육(1971~1979)은 인간의 얼굴 뒤에 숨어 있
는 야수의 잔인성을 보여준다.

지구촌 한켠에서는 지금도 분쟁으로 신음 중이다. 월드컵 축구대회
가 인류의 공존공영에 기여하게 되길 바란다면 과욕일까?

에이즈 지뢰밭 맨발로 뛰다니…

전남 여수 시민들이 에이즈 공포로 떨고 있다. 1998년 에이즈 보균자로 판명된 부산 출신의 구아무개(28) 씨가 2000년 10월부터 2002년 3월까지 여수역 부근 사창가에서 수백 명의 남성과 성관계를 맺은 사실이 드러났기 때문이다.

이 여인은 경찰에서 상대한 남자의 절반 정도가 콘돔을 쓰지 않았다고 밝혀 여수시가 술렁이고 있다. 이번 사건은 인류 모두가 다섯 다리만 건너면 지구상의 어느 누구와도 연결된다고 보는 '작은 세계 이론'을 유감없이 뒷받침하는 사례가 아닌가 한다.

지난해 인터넷에서 컴퓨터 바이러스가 퍼져 나가는 양태를 분석한 스페인 과학자들은 사람 사이에서 질병이 전파되는 방식에 관한 의학계의 기존 개념을 뒤엎는 연구결과를 내놓았다.

유행병학에 따르면 바이러스는 일정 수준의 독성에 도달해야만 창궐한다. 그 수준에 이르지 못한 바이러스는 위력도 없고 이내 죽는다. 그러나 컴퓨터 바이러스의 전파에는 이러한 조건이 없을뿐더러 여러 곳과 연결된 중심 사이트에서는 약한 바이러스일지라도 신속히 퍼진다는 사실이 밝혀졌다. 이러한 발견은 인간 질병의 이해에 시사하는 바가 적지 않다.

스웨덴의 사회학자들은 작은 세계 이론으로 인간의 성적 관계를 분석하고 매독, 음부포진, 에이즈와 같은 성매개 질병(STD)이 인터넷의 바이러스와 유사하게 전파된다는 결론을 얻었다. 이들은 2,900명을 대상으로 한 해에 얼마나 많은 상대와 성관계를 맺었는지 조사함으로써 스웨덴 사회에서 생면부지의 두 사람이 몇 다리를 건너 연결되어 있는지를 알아낸 것이다.

결론적으로 스웨덴 사람들은 성적 관계에서 어느 누구도 두세 다리밖에 떨어져 있지 않았다. 또한 여러 곳과 연결된 인터넷의 중심 사이트처럼 수많은 사람과 성관계를 맺고 있는 사람들이 적지 않았다. 다시 말해 성적으로 모범적인 시민일지라도 성매개 질병에 감염된 사람들과 무관하다고 안심하는 것은 매우 어리석은 생각임이 밝혀진 것이다.

여수역 부근 윤락가에서 구씨와 동침한 사내들의 아내나 애인들은 이러한 어리석은 생각 때문에 애꿎은 피해자가 된 셈이다.

스웨덴의 연구 결과는 성매개 질병의 예방체제에 변화가 불가피함을 암시한다. 종전처럼 불특정 다수를 겨냥하여 에이즈 퇴치운동을 펼칠 게 아니라 성적으로 난잡한 인물들을 집중관리해야 효율적이기 때문이다. 이런 맥락에서 이번 사태를 방치한 보건당국의 책임을 묻지 않을 수 없다.

먹는 즐거움 앗는 하이테크 식품

6·25 전쟁 당시 소년 시절을 보내면서 미군 병사들로부터 시레이션(휴대식량)을 한 번쯤 얻어먹어 보지 않은 한국사람은 드물 것이다. 깡통에 든 비스킷과 초콜릿 과자 맛에 군침을 흘리던 코흘리개들이 중년에 접어든 1980년대 초에 시레이션은 MRE(Meal, Ready-to-Eat)로 대체된다. MRE는 극도로 격렬하고 기동성이 요구되는 전투상황에서 병사에게 제공되는 미군의 표준 휴대식량이다. 내용물의 명세가 거의 해마다 바뀔 정도로 각종 육류, 채소, 과자, 음료가 들어 있다.

그러나 대표적 간이식품인 샌드위치가 전투용 휴대식량으로 개발된 것은 최근의 일이다. 병사들은 별도의 주머니에 저장된 샌드위치 재료를 저온살균한 뒤에 스스로 만들어 먹지 않으면 안 되었다.

지난 4월 미국과학자협회(FAS)는 병사들의 이러한 불편을 해소해주는 이른바 호주머니 샌드위치를 개발했다고 발표했다. 공중 투하를 하건 함부로 다루건 손상되지 않을 뿐만 아니라 나쁜 기후조건에서도 오랫동안 변질되지 않는 것으로 알려졌다. 가령 더운 여름 날씨에 해당되는 섭씨 26도에서 3년간, 체온을 약간 웃도는 38도에서 6개월 동안 그 상태가 유지될 것으로 기대하고 있다. 호주머니 샌드위치를 만든

기술자들은 피자까지 휴대식량에 포함시킬 계획이다.

호주머니 샌드위치 또는 피자처럼 첨단기술로 제조하는 하이테크 식품은 영양물을 보충하는 식품과 영양분 못지않게 건강보호를 겨냥하는 식품으로 구분할 수 있다. 먼저 영양물을 보충하는 식품으로는 운동량이 많은 사람들을 위한 스포츠 보조식품이 폭발적인 인기를 누리고 있다. 이러한 보조식품은 궁극적으로 사람에게 필요한 모든 영양물이 들어 있는 스마트 식품으로 발전하게 될 것이다.

미국 군사과학자들은 하루 동안 병사에게 필요한 영양물과 칼로리를 제공할 수 있는 카드 크기의 휴대식량을 꿈꾼다. 낙관론자들은 2015년쯤 보통 사람이 하루에 필요로 하는 영양물이 들어 있는 감기약 크기의 스마트 식품이 개발될 것으로 전망한다. 그러나 사람들이 직접 요리하는 즐거움을 포기할 리 만무하기 때문에 스마트 식품은 상업적으로 성공할 수 없다고 보는 견해가 만만치 않다.

한편 사람의 건강에 도움을 주는 물질이 첨가된 기능성 식품이 다양하게 개발되고 있다. 기능성 식품이 늘어나면 주부들은 슈퍼마켓에서 장을 보면서 약을 사는 건지 먹거리를 사는 건지 갈피를 잡기 어렵게 될 터이다.

붉은악마와 치우

　　　　　　지난해 이맘때쯤 한반도는 월드컵 축구의 열기로 들끓었고 온 국민이 하나된 붉은악마 응원단은 태극기와 함께 커다란 도깨비 얼굴이 그려진 깃발을 휘날렸다. 이 도깨비 얼굴의 주인공은 중국 영웅신화에서 가장 유명한 치우(蚩尤)이다.

　치우는 용맹스러운 한 거인족의 명칭이다. 이 부족은 염제의 자손이었다. 염제는 백성들에게 농업을 가르친 어진 왕이었으나 중국 신화의 최고신인 황제와 겨루어 패배하고 남쪽으로 쫓겨났다. 치우는 모습이 유별나고 용맹스러웠다. 구리로 된 머리에 동물의 몸을 가졌다. 그 밖에 민간 전설에 따르면, 사람 몸에 소의 발굽을 하고 눈 네 개에 팔이 여섯 개라고도 하고, 또는 머리에 날카로운 뿔이 돋아 있었다고도 한다. 어쨌든 치우는 신과 사람 사이에 속한 종족이었던 것 같다.

　치우는 모래와 쇳덩이를 밥으로 삼아 매일 먹었으며 무기를 만드는 재주가 뛰어나 창, 도끼, 방패, 화살을 직접 만들었다. 또한 초인적인 신통력을 지녔다. 이처럼 능력이 뛰어난 치우는 자신만만해서 할아버지인 염제의 패배를 설욕하기 위해 황제에 도전했다. 그는 수많은 군사를 이끌고 파죽지세로 황제의 군대를 물리쳤다. 그러나 치우는 황제의 반격에 결국 무릎을 꿇고 사로잡혀 즉시 처형당하고 만다.

중국의 거의 모든 역사서에서 치우는 아주 흉악하고 못된 괴물로 묘사되지만 민중들로부터는 동정을 받았던 것으로 보인다. 그의 죽음에 관한 전설이 다양하게 전해지고 있기 때문이다. 가령 황제는 치우를 죽일 때 손과 발에 수갑과 족쇄를 채웠는데, 숨이 끊긴 뒤 수갑과 족쇄를 내다 버린 자리에서 단풍나무들이 자라났다고 한다. 단풍잎

의 선홍빛은 치우의 수갑에 묻었던 핏자국과 같아서 치우의 원한을 말해주고 있는 듯하다.

그 밖에 다른 전설에서는 치우의 잘려 나간 머리와 몸뚱이로 두 개의 무덤을 만들어놓고 해마다 제사를 지냈는데, 그때마다 붉은빛의 안개 같은 것이 무덤 위로 솟아올랐다고 한다. 사람들은 패배를 인정하지 않은 치우의 원한 맺힌 기운이 하늘로 치솟아오르는 것이라고 생각하였다.

붉은악마 응원단은 홈페이지에서 그들의 상징으로 치우를 선택한 것은 치우의 투혼을 높이 샀기 때문이라고 밝혔다. 최고 권력자에게 도전했던 고대 영웅의 모습을 21세기 한국 젊은이들이 흔드는 깃발에서 볼 수 있게 된 것은 참으로 신선한 충격이 아닐 수 없었다.

모든 물건에 무선 꼬리표 달린다

바코드는 특정한 상품 전체에 부여된 기호이기 때문에 그 상품 하나하나를 식별하는 데는 도움이 되지 않는다. 상품 낱개를 식별하기 위해서는 상품마다 고유의 꼬리표(태그)를 달 수밖에 없다. 몇 년 안에 바코드 대신 사용될 것으로 예상되는 이 꼬리표의 정식 명칭은 '무선주파수 식별(RFID) 태그' 이다.

무선 태그는 반도체 칩과 안테나로 구성된 라디오 송수신기이다. 반도체 칩에는 태그가 부착된 상품의 정보가 저장되어 있고 안테나는 이러한 정보를 무선으로 널리 퍼뜨린다. 가까운 거리에 설치되어 있는 판독기는 이 신호를 받아 상품 정보를 해독한 뒤 컴퓨터로 보낸다. 따라서 태그가 달린 모든 상품은 언제 어디서나 자동적으로 확인 또는 추적이 가능하다.

무선 식별 기술은 그 역사가 짧지 않다. 이 기술은 2차 세계대전 당시 연합군이 처음 사용했다. 레이더에서 발신되는 신호로 적과 아군을 식별하여 큰 전과를 올린 것으로 알려졌다.

그 뒤로 무선 태그는 광범위하게 활용되었다. 공항에서는 화물 추적에, 박물관에서는 소장품 관리에, 사무실에서는 출입 통제에 무선 식별 기술이 사용되었다. 심지어 동물 애호가들은 개나 고양이의 피부

속에 무선 태그를 이식시키고 분실되었을 때 추적이 가능하도록 대비했다.

2002년 선보인 베리칩 역시 사람의 피부 밑에 이식하면 유괴당할 경우 범인 추적이 용이하므로 무선 태그 기술의 일종으로 간주할 수 있다.

바코드 대신 사용될 무선 태그는 아직은 몇 가지 문제점을 안고 있다. 우선 태그 제조업체마다 상이한 규격을 사용하기 때문에 표준화가 시급히 요청된다. 둘째는 태그의 비용이다. 개당 20센트 선이지만 2005년까지 5센트로 떨어질 전망이다. 이러한 문제점들이 해결되어 무선 태그의 판독기들이 네트워크로 연결되면 그 물건이 무엇이고 그것이 어디에 위치하든지 간에 언제 어디서나 그 물건을 추적 또는 감시할 수 있게 될 터이다.

무선 태그가 본격적으로 실용화되면 일상생활에 많은 변화가 예상된다. 가령 태그 판독기가 세탁기에 부착되면 옷감이 스스로 세탁기에 세탁 방법을 제시한다. 냉장고의 판독기는 채소의 재고량을 점검한다. 열쇠나 귀중품에 달린 태그는 건망증이 심한 사람에게 도움을 준다.

그러나 일부 학자들은 벌써부터 무선 태그가 수백 종의 일자리를 빼앗아갈 것을 염려하고, 사람을 감시하는 기술에 활용될 경우 사생활 침해가 심각할 것이라고 경고한다.

북극의 환경오염 심각하다

태고의 원시를 간직한 북극은 환경이 오염되지 않은 청정 지역으로 여겨지게 마련이다. 그러나 북극은 지구상의 어느 곳보다 오염물질의 영향을 많이 받는 것으로 밝혀졌다. 이러한 오염물질에는 폴리염화비페닐(PCB), 디디티와 같은 살충제, 수은과 카드뮴 등 중금속이 포함된다. 특히 PCB에 의한 환경오염이 심각한 것으로 나타났다.

PCB는 1929년부터 살충제, 윤활제, 플라스틱 생산에 첨가제로 사용되어 한때 기적의 화학물질이라고 불렸다. 그러나 1966년 덴마크 화학자에 의해 오염물질이라는 사실이 밝혀졌으며 10년 뒤인 1976년 미국에서 생산이 금지되기에 이르렀다. 오늘날 PCB는 모든 국가에서 생산이 중단되었으나 흙, 공기, 물, 동물 등에 스며들어 있는 상태이다. 이러한 PCB는 내분비계 장애물질(환경 호르몬)로서 생물의 체내에서 성 호르몬의 기능을 모방하여 생식계통의 이상을 초래한다. PCB가 불임 및 성기의 기형을 일으키고 면역체계를 파괴한 사례는 여러 차례 확인되었다.

1988년 덴마크 앞바다에 서식하는 바다표범이 떼죽음을 당했다. PCB가 면역기능을 떨어뜨려 나타난 비극으로 결론이 났다. 1998년 노르웨이의 북극지역에서 PCB 때문에 암수 성기를 모두 가진 기형 곰이 발견되는 등 북극곰이 절멸의 위기에 직면해 있음이 밝혀졌다. 1999년 자궁 안에서 PCB에 노출되었던 암컷 쥐가 성숙한 뒤에 교미에 무관심한 사실이 확인되었다. 이 연구 결과는 PCB에 오염된 태아가 처녀가 되었을 때 성적 충동을 별로 느끼지 않을 가능성을 암시하고 있다.

1930년대부터 생산된 PCB의 양은 130만 톤으로 추정된다. 이 가운데 30% 정도는 흙이나 바다에 흡수된 것으로 보인다. 그러나 나머지 70%의 행방은 아직 밝혀내지 못했다. 일부는 가령 건물 변압기의 부품, 컵라면 용기, 플라스틱 컵, 산모의 젖, 갓난아기의 피하지방, 철갑상어 알이나 참치 회 등에 녹아들어 있겠지만 70% 가까운 생산량의 소재가 확인되지 않은 상태인 것이다. 다시 말해 PCB의 환경오염은 현재 진행형인 셈이다.

PCB는 여느 오염물질처럼 바람에 실려 먼 거리를 여행하여 북극까지 파고든다. 대기에 의해 오염물질이 증발되어 지구의 북쪽 끝까지 퍼지는 현상을 '지구적 증류'라 한다. 지구적 증류에 의해 북극의 곰, 고래, 에스키모의 지방 밑에 축적된 PCB 양은 치명적인 수준인 것으로 알려지고 있다.

다중지능, 맞춤교육으로 가는 나침반

인간의 지능에 관한 쟁점 가운데 하나는 지능의 본질을 정의하는 이론이다. 한쪽에서는 단일한 지능에 의해 다른 지적 능력이 모두 형성된다고 주장하는 반면에, 다른 한쪽에서는 지능이 분리될 수 있는 여러 요소로 구성되어 있다고 본다. 심리학자들은 대부분 지능이 단일하다는 일반지능의 개념을 지지하지만 여러 개의 독립적인 지적 능력이 존재한다는 다중지능 이론에 대한 관심도 갈수록 높아지고 있다.

다중지능의 대표적 이론가는 인지심리학자인 미국 하버드대학의 하워드 가드너 교수이다. 그는 1983년 펴낸 『마음의 틀』에서 일곱 개의 독립적인 지능이 존재한다고 제안했다.

처음 두 지능은 학교에서 중요시되는 언어 지능과 논리 수학 지능이다. 언어 지능은 작가, 시인, 법률가처럼 언어를 활용하는 능력이다. 논리 수학 지능은 수학자, 논리학자, 과학자처럼 문제를 분석하고 탐구하는 능력이다.

다음 세 가지 지능은 음악 지능, 신체 운동 지능, 공간 지능이다. 음악 지능은 작곡가나 연주자, 신체 운동 지능은 운동선수, 무용가, 배우, 기능공, 과학기술자, 외과의사, 공간 지능은 항해사, 건축가, 바둑

기사에게 중요하다.

　나머지 두 지능은 대인 지능과 자성 지능이다. 대인 지능은 타인의 욕구와 의도를 간파하여 효과적으로 일을 처리하는 능력으로 판매원, 교사, 종교인, 정치가에게 필수적이다. 자성 지능은 자신의 욕망과 재능을 잘 다루어 효율적인 삶을 꾸려나가는 잠재력이다.

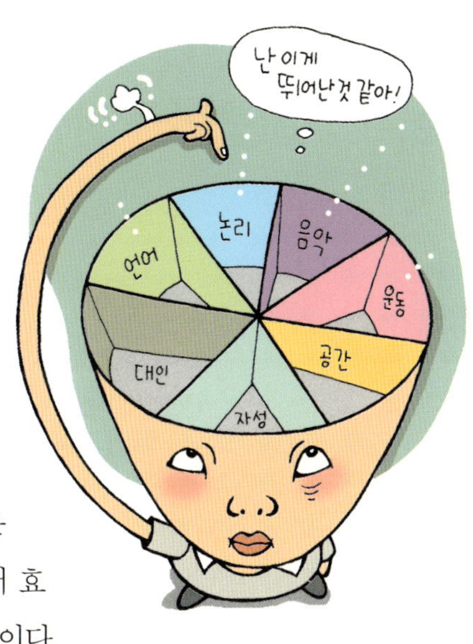

　훗날 가드너는 자연 지능을 추가했다. 동식물 연구가들에게 필요한 능력이다. 요컨대 가드너는 인간의 지능이 여덟 개의 독립된 지능으로 구성되어 있다는 다중지능 이론을 창안하였다.

　가드너의 이론에 대한 비판이 뒤따랐지만 교육 현장에 적용하여 좋은 결과를 얻은 연구사례가 속속 발표되고 있다. 왜냐하면 다중지능 이론의 핵심은 종래의 천편일률적인 획일교육을 거부하는 것이기 때문이다. 획일교육은 모든 학생이 같은 내용을 같은 방식으로 공부하여 같은 기준으로 평가받아야 한다고 확신한다. 그러나 다중지능 이론에서는 학생의 개인차를 고려한 맞춤형 교육이 중요하다고 강조한다.

　우리나라의 경우 다중지능 이론을 영재 교육에 적용하는 사례가 보고되고 있다. 다중지능 이론을 피상적으로 이해하여 특정 교육이 특정 지능을 활성화시킨다고 과신해서는 안 될 줄로 안다.

자동차를 사무실로 바꾼다

첨단기술과 전통산업이 융합하여 거대한 시장이 형성될 것으로 기대를 모으고 있는 대표적인 분야는 텔레매틱스이다. 텔레매틱스는 전화와 컴퓨터를 결합한 정보 서비스 체계를 뜻하는 프랑스 용어인 텔레마티크에서 파생된 단어이다. 자동차, 항공기, 선박 등 운송수단과 외부의 정보 센터를 연결하여 각종 정보를 주고받을 수 있게 하는 기술이 텔레매틱스이다.

특히 자동차에 장착되는 컴퓨터(마이크로프로세서)가 늘어나면서 자동차가 갈수록 지능화됨에 따라 텔레매틱스는 부가가치가 높은 유망 산업으로 부상하고 있다. 자동차 기술에 정보기술이 접목되는 자동차 텔레매틱스는 자동차와 운전자에게 필요한 정보와 서비스를 제공한다. 따라서 자동차 텔레매틱스는 컴퓨터와 무선통신 기능을 가진 차량용 복합 단말기, 외부의 텔레매틱스 정보 센터, 단말기와 정보 센터를 연결하는 통신망으로 구성된다.

자동차 텔레매틱스는 운전자와 차량의 안전을 도모하는 서비스, 운전의 편의를 제공하는 서비스, 운전자에게 즐거움을 안겨주는 서비스로 세분된다.

이러한 서비스가 제공되면 인공지능 자동차는 더 이상 단순한 이동

수단으로 머물지 않게 된다. 자동차가 인터넷 등 외부세계와 접속됨에 따라 운전자는 차 안에서 단순히 운전만 하지 않고 다양한 작업을 할 수 있기 때문이다. 자동차의 공간이 거실, 사무실 또는 회의실로 바뀌게 되는 것이다.

텔레매틱스는 자동차의 내부와 외부 세계의 경계를 허물어뜨릴 뿐만 아니라 자동차 회사들로 하여금 제조업에서 서비스업으로 그 활동 영역을 확장하도록 부추기고 있다. 1996년 세계 최대의 자동차 회사인 제너럴 모터스는 세계 최초로 '온스타'라 불리는 텔레매틱스 서비스를 개시했다. 2002년부터 일본의 도요타 역시 텔레매틱스 서비스에 나섰다. 전문가들은 2010년 이전에 미국 자동차의 최소 4분의 1이 텔레매틱스 시스템을 장착하게 될 것이라고 전망한다.

텔레매틱스가 주목을 받는 또 다른 이유는 교통사고를 줄일 수 있을 것으로 기대되기 때문이다. 교통사고 기록에서 세계 상위권인 우리나라에서 각별한 관심을 가질 만한 대목이다. 더욱이 우리나라는 자동차 산업과 정보기술 모두 세계적인 경쟁력을 갖고 있으므로 텔레매틱스의 강국이 될 여건을 갖추고 있는 셈이다.

7월의 과학나라

최면 암시로 질병 고친다

최면은 과학인가 속임수인가. 텔레비전에서 최면에 걸린 연예인들이 연출하는 기이한 언행을 보고 있으면 누구나 갖게 되는 궁금증이다.

최면술을 뜻하는 메스머리즘(mesmerism)은 오스트리아 의사인 프란츠 안톤 메스머(1734~1815)의 이름에서 유래된 단어이다. 그는 최면을 환자 치료에 적용하여 세상을 놀라게 했다. 메스머는 사람의 몸 안에 동물자기(動物磁氣)라는 에너지가 충만해 있기 때문에 이 에너지가 신체 접촉으로 시술자로부터 환자에게 전달되면 질병이 치유될 수 있다고 주장한다. 그러나 의학계는 동물자기이론을 허위로 판정했으며, 메스머는 결국 돌팔이 의사라는 비난 속에 잊혀진 인물이 되고 말았다.

그러나 최면술을 의학에 응용하려는 시도는 중단되지 않았으며, 지난 40년 동안에 비로소 최면 상태인 사람에게 주어진 암시, 곧 최면 암시가 질병 치료에 도움이 된다는 사실이 확인되었다.

1996년 미국 국립보건연구소(NIH)는 최면이 암을 비롯한 여러 만성 질환의 고통을 경감시키는 데 유효한 수단이라고 판정했다. 또한 임상 연구 결과 최면이 화상으로 피부를 절제한 환자나 중노동으로 격심한 통증에 시달리는 여성의 고통을 완화시킬 수 있음이 확인되었다. 요컨대 최면 요법은 통증 관리에 효과적이라는 사실이 밝혀진 것이다.

그 밖에도 최면 암시는 다양한 신체반응을 유발하는 것으로 나타났다. 이를테면 천식 발작의 증상을 완화시키고, 혈우병 환자의 출혈을 감소시키며, 사마귀 등 피부질환을 치유할 수 있다고 한다. 최면 암시가 주목받는 또 하나의 의료 분야는 외과 수술이다. 복부 수술 중에 내장은 자기를 건드리는 것을 아주 싫어한다. 따라서 수술 뒤 창자가 쉽게 수축되지 않아 입원기간이 길어지는 것이다. 그런데 수술 전 최면 암시를 받은 환자는 그렇지 않은 사람에 비해 회복기간이 빠른 것으로 나타났다.

최면 현상의 실체가 의학적으로 입증되었음에도 불구하고 최면 회귀는 여전히 논쟁거리로 남이 있다. 최면 회귀린 최면에 의해 전생의 기억으로 되돌아가는 것을 의미한다. 최면과 기억의 상관관계를 연구하는 인지과학자들은 최면으로 수십 년 전의 기억을 되살리거나 어린 시절처럼 행동하는 것은 불가능하다고 주장한다.

그럼에도 불구하고 속임수로 치부되던 최면 현상이 인지과학과 의학의 정상적인 연구 주제가 되기에 이르렀고, 이에 따라 전생 체험을 보여준다는 오락용 최면술은 여전히 인기를 누릴 것 같다. 특히 우리나라 텔레비전 화면에서는.

체지방도 중요한 신체기관이다

6월 한 달 내내 가뭄과 살빼기 이야기로 한국사회가 뒤뚱거렸다. 농촌에서는 석 달째 1907년 이래 가장 극심했다는 가뭄에 시달리던 농민들의 한숨이 하늘을 찔렀는가 하면, 도시에서는 개그우먼 이영자 씨가 살빼기를 위하여 지방흡입시술을 받았다는 사실이 폭로되어 너도나도 입방아 찧기에 여념이 없었다.

가뭄은 흉작, 식량부족, 보릿고개, 영양실조를 연상시키는 반면에 살빼기는 비만, 살과의 전쟁, 다이어트, 날씬한 여체를 상상하게 한다. 가난과 풍요를 상징하는 상반된 단어가 한꺼번에 우리의 일상생활에 파고들 만큼 한국사회에는 원시와 문명이 공존하고 있다.

살빼기는 쉬운 일이 아니다. 여성들은 다이어트, 저칼로리 탄산음료, 비디오테이프 따위에 엄청난 돈과 노력을 쏟아붓고 있지만, 배, 넓적다리, 엉덩이에 지방이 갈수록 축적되고 있다. 이처럼 체지방은 여체의 아름다움을 훼손하는 괴물로 여겨지고 있다.

그러나 체지방이 우리가 생각했던 것보다 훨씬 중요한 역할을 하고 있다는 사실이

밝혀지고 있다. 최근 일부 학자들은 체지방, 즉 지방조직 역시 장기처럼 중요한 신체기관이라는 주장을 펼치기 시작했다.

체지방은 몸 전체에 퍼져 있으므로 기관으로 여겨지지 않겠지만 여느 기관 못지않게 중요한 기능을 수행하는 것으로 확인되었다. 우선 지방조직은 관절, 발뒤꿈치, 손가락 등에서 충격을 막아준다. 이러한 수동적, 기계적인 기능에 덧붙여 지방조직은 식욕, 생식, 면역 기능에 능동적으로 개입하고 있다.

지방조직이 기관으로 간주될 수 있었던 것은 렙틴(leptin)이라는 호르몬을 분비한다는 사실이 발견되었기 때문이다. 이를 계기로 체지방을 수동적인 조직으로 보던 개념에 종지부가 찍혔다.

혈액을 타고 순환하는 렙틴은 우리 몸에 체지방이 축적되는 양을 조절한다. 가령 체지방이 늘기 시작하면 식욕에 제동을 건다. 우리가 몸무게를 비슷하게 유지할 수 있는 것도 렙틴 덕분인 것이다.

또한 렙틴은 생식기능에 관여한다. 체지방이 거의 없는 여자들에게는 생리가 거의 없다. 구식기시대 유물인 빌렌도르프의 비너스기 다산을 상징하는 것이 그 좋은 증거이다. 게다가 렙틴은 일종의 위기관리 역할을 한다. 인체가 바이러스의 공격을 받으면 면역계에 경보를 보내기 때문이다.

비만한 사람은 심장병이나 당뇨병에 취약하므로 지방조직은 혐오의 대상이었다. 그러나 이제는 체지방이 중요한 기관이라는 사실이 밝혀지고 있는 만큼 살빼기를 하더라도 맹목적으로 할 것이 아니라 왜 해야 하며 얼마나 하는 것이 좋은지 한 번쯤은 생각해볼 필요가 있다.

매머드 멸종 사람 탓일까

인간의 발길이 닿는 곳이면 끊임없이 많은 생물의 씨가 말랐다. 인류에 의한 최대의 몰살 사건으로 추정되는 것은 홍적세 말기에 발생한 대형 포유류의 절멸이다. 홍적세는 250만 년 전에 시작되어 1만 1천 년 전의 빙하기 끝 무렵 마감된 지질시대이다.

마지막 빙하기에 유라시아, 아메리카, 오스트레일리아, 아프리카 등 세계 도처에서 매머드, 마스토돈, 들소, 땅나무늘보 따위의 대형 초식 동물이 대부분 사라졌다. 매머드의 경우 시베리아와 북아메리카에서 200만 년 동안 번성을 누렸으나 단기간에 모두 멸종되었다.

대형 포유류의 절멸 속도는 유라시아와 아프리카에서는 완만했으나 북아메리카에서는 급박했다. 한 가지 놀라운 사실은 1만 1천 년 전 아시아에서 이주해 온 인디언들이 북아메리카 대륙에 발을 내디딘 직후 매머드가 대부분 사라졌다는 점이다. 따라서 매머드의 멸종을 사람의 탓으로 돌리는 가설이 제기되었다.

1911년 진화론 제창자인 알프레드 월리스는 매머드가 인간의 과도한 사냥으로 멸종되었다는 이른바 '과잉살육 가설'을 제안했다. 그러나 빙하기의 기후 이변을 원인으로 보는 학자들의 공격을 받았다. 기후 변동론자들은 빙하기가 끝난 뒤에 나타난 극적인 기후 변화로 서식지가 소멸되어 거대한 초식동물이 굶어 죽게 된 것이라고 주장했다. 요컨대 멸종 원인을 사람과 기후에서 찾는 두 가설이 팽팽히 대립한 것이다.

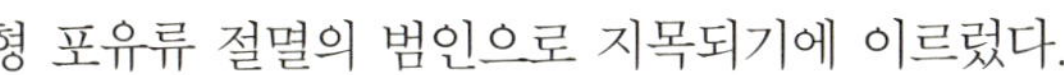

그러나 1967년 고생물학자인 폴 마틴이 월리스의 주장을 설득력 있게 되살려냄에 따라 기후보다는 사람이 홍적세 말기의 대형 포유류 절멸의 범인으로 지목되기에 이르렀다. 더욱이 2000년에 고생태학자인 존 앨로이가 컴퓨터 모의실험으로 과잉 살육 가설을 입증했다. 현생인류가 생태계를 파괴하고 생물을 멸종시킨 사례가 허다했기 때문에 과잉살육 가설은 많은 식자들로부터 심정적인 지지를 받았다. 후손들의 행태로 보아 조상들도 능히 여러 동물들을 멸종시키고도 남았을 것이라고 생각할 법도 한 일이리라.

한편 과잉살육과 기후변동 대신에 제3의 원인을 제시한 가설도 있다. 1997년 포유동물학자인 로스 맥피는 사람의 병원균에 감염되어 매머드가 절멸했다는 색다른 주장을 펼쳤다. 결국 사람이 원인을 제공했다는 측면에서는 과잉살육 가설과 오십보백보이다.

1999년 미국 과학자들은 시베리아 얼음 속에서 2만 년 전 매머드를 발굴하고 복원작업을 펼쳤다. 미국과 일본 학자들은 각각 매머드를 복제할 계획인 것으로 알려졌다.

카사노바와 여자들

남자 인기가수의 생일잔치에 수천 명의 10대 소녀들이 몰려들어 미친 듯이 울고 웃는 모습이 텔레비전 화면에 비친 적이 있다. 혹자는 사회병리 현상이라고 혀를 끌끌 차고 혹자는 새로운 청소년 문화의 한 단면으로 받아들인다.

이러한 사회현상에 대해서는 여러 각도에서 접근해야 되겠지만, 생물학적으로는 암컷 선택(female choice)의 차원에서 설명이 가능하다. 동물의 암컷이 수컷의 특이한 형질에 따라 짝짓기 상대를 고르는 것을 암컷 선택이라고 한다.

새와 물고기의 경우 몇몇 종의 암컷은 동료가 선호하는 수컷을 덩달아 좋아하는 것으로 밝혀졌다. 좋은 예는 서인도제도의 트리니다드에 서식하는 관상용 열대어인 거피와 미국 서부에 사는 새인 뇌조이다.

거피는 시냇물에 따라 몸의 빛깔이 변하는데, 암컷은 밝은 오렌지색깔을 지닌 수컷을 가장 좋아한다. 몸 빛깔이 밝은 수컷일수록 암컷을 보호하는 능력이 뛰어나기 때문이다. 그러나 다른 암컷이 덜 밝은 빛깔의 수컷을 선택하는 광경을 보고 덩달아서 그러한 수컷을 짝으로 고르는 모습이 실험을 통해 확인되었다.

뇌조 수컷들은 레크(lek)라 불리는 짝짓기 장소에 모여 암컷들에게 자신의 능력을 과시하는데, 암컷은 백화점에서 물건을 고르는 여인네처럼 수컷을 찬찬히 살펴본 뒤에 마음에 드는 녀석 앞에 엎드린다. 그럼에도 불구하고 가장 운이 좋은 수컷은 암컷의 80%까지 독점한다. 일단 몇몇 암컷들이 한 수컷을 선택하면 나머지 암컷들도 뒤를 따라 한 마리의 엽색꾼에게 경쟁적으로 몸을 헌납하기 때문이다.

이러한 모방은 이득이 많다. 다른 암컷의 판단을 활용하면 적합한 상대를 신속하게 고를 수 있고, 그만큼 절약된 시간에 생존에 보탬이 되는 다른 일을 할 수 있으니까. 사람은 여느 동물과 달리 자유의지가 있기 때문에 이성을 선호할 때 타인의 선택 기준을 감안하지 않을 것으로 생각하기 쉽다.

그러나 미국의 생물학자인 리 듀거킨의 연구 결과를 보면, 여자들 역시 거피나 뇌조의 암컷과 크게 다르지 않게 남을 흉내내 짝을 고르는 경향이 뚜렷히 나타난다. 모방하는 능력이 인간에게 부여되지 않았다면 학습을 할 수 없다는 측면에서 다른 여자가 매력을 느낀 남성에게 관심을 갖는 것은 인지상정일 터이다.

여성의 모방 심리를 이해하지 않고서는 왜 카사노바를 닮은 사내들의 엽색 행각이 끊임없이 신문 지상에 폭로되고, 왜 박찬호 선수가 갑자기 일등 신랑감으로 부상했는지 알 수 없을 것이다.

탄소나노튜브는 팔방미인

자연세계에는 사람의 개입 없이 스스로 일정한 구조를 유지하는 물질이 적지 않다. 이른바 자기조립 능력을 보여주는 대표적인 사례로는 물방울과 세포를 들 수 있다. 잎에 맺힌 물방울은 액체가 자발적으로 곡선 모양의 표면을 유지하고 있다. 사람의 세포 한 개에는 100억 개의 분자를 채워 넣을 수 있는데, 세포는 스스로 수많은 분자를 결합하여 특정한 구조를 만들어낸다.

자기조립하는 물질 가운데서 공학적으로 가장 크게 기대를 모으는 것은 버키튜브(buckytube)라 불리는 탄소나노튜브이다.

버키튜브는 버키볼을 긴 대롱 모양으로 변형시킨 것이다. 버키볼은 탄소원자 60개가 모여 럭비공처럼 둥근 구조를 형성한 탄소분자이다. 이 구조는 미국 건축가인 벅민스터 풀러가 창안한 지오데식 돔과 비슷하기 때문에 그의 이름을 따서 벅민스터풀러렌이라 명명되었으며, 이를 줄여 풀러렌 또는 버키볼이라 부른다. 다이아몬드와 흑연에 이은 세 번째 탄소분자 결정체인 풀러렌을 1985년 발견한 미국의 리처드 스몰리 교수는 1996년 노벨상을 받았다.

탄소나노튜브는 1991년 일본의 재료과학자가 전자현미경으로 검댕 얼룩에서 처음 발견했다. 지름이 1나노미터(10억 분의 1미터)에 불과하여 굵기가 사람 머리카락의 10만 분의 1밖에 되지 않지만 인장력은 강철보다 100배 강하다.

또한 구리보다 전류를 잘 전도하고 다이아몬드보다 열을 잘 전달할 뿐만 아니라 몇 가지 특이한 전자적 특성을 갖고 있다.

예컨대 탄소나노튜브를 다발로 묶으면 반도체가 된다는 사실이 한국과 미국 과학자들의 공동 연구로 밝혀졌다. 1998년 서울대의 임지순 교수(물리학)와 미국 캘리포니아 대학(버클리) 연구진은 나노튜브를 10개 이상 밧줄처럼 꼬아 합성하면 금속 성질이 없어지면서 반도체처럼 전기 흐름을 제어할 수 있는 성질로 변한다는 사실을 확인한 것이다. 탄소나노튜브는 실리콘보다 1만 배가량 십적도가 높은 소자를 만들 수 있을 것으로 기대되기 때문에 나노기술의 핵심 연구 과제가 되고 있다.

또한 탄소나노튜브는 다른 물질로 만든 전극보다 훨씬 낮은 전압에서 전자를 방출할 수 있으므로 텔레비전과 컴퓨터 모니터의 전자총을 소형화할 수 있다. 삼성전자는 2001년 생산 목표로 나노튜브를 사용한 평판 디스플레이를 개발 중인 것으로 알려졌다.

탄소나노튜브가 강철보다 강하기 때문에 지구와 하늘을 왕복하는 우주 엘리베이터의 실현 가능성이 높아지고 있다.

자유의 종은 실패작이다

　　7월 4일 미국 독립기념일에 '자유의 종'을 떠올리는 한국 사람은 적지 않지만 그 종에 커다란 금이 가 있다는 사실을 아는 사람은 많지 않을 것 같다.

　　자유의 종은 1752년 영국에서 만들어 미국으로 보냈는데, 처음 '땡' 하고 울리는 순간 갈라져버렸다. 미국은 자존심 때문에 영국에 돌려보내지 않고 필라델피아의 대장장이를 시켜 종을 녹여 새로 만들었으나 음색이 좋지 않았다. 여러 차례 종을 다시 만들었지만 만족스러운 종소리는 나오지 않았다.

　　하지만 1776년 7월 4일 미국은 독립선언의 신호로 이 종을 울렸다. 독립전쟁을 치르면서 영국군을 피하여 이 종을 이리저리 옮겨 다니는 바람에 종에는 많은 흠집이 생겼다.

　　자유의 종은 기념일이나 특별 행사 때마다 울리게 되었다. 1835년 한 장례식에서 만종을 울리는 순간 종에 커다란 균열이 생겼다. 균열이 커지지 않도록 온갖 방법을 동원했지만 1846년 조지 워싱턴 대통령의 탄신 기념일에 종을 치자마자 오늘날의 균열만큼 더 갈라지고 말았다.

　　종, 다리, 비행기와 같은 구조물에 나타나는 실패, 곧 구조적 실패(structural failure)의 원인은 50~90%가 균열이 점점 더 커지기 때문이

다. 대부분의 경우에 균열은 자유의 종처럼 빠르게 일어나지 않고 서서히 성장한다. 균열은 피로가 누적되어 천천히 자라나는 형성 기간이 있게 마련이기 때문이다. 그러나 균열의 성장 과정을 만족스럽게 설명해주는 이론은 아직까지 없다.

게다가 이미 완성된 구조물에 발생하는 균열을 효과적으로 발견하는 기술도 아직 없다. 따라서 모든 구조물을 설계할 때 공학자들은 균열에 대한 대비책을 강구하지 않으면 안 된다. 설계를 할 때 피로 때문에 균열이 발생할 가능성과 그 영향을 사전에 계산해야 한다.

이와 같이 공학은 창조적이며 분석적인 노력이 투입되므로 엔지니어는 한편으로 과학자, 다른 한편으로 예술가의 특성을 지닌 것으로 여겨지는 것이다.

균열이 형성되는 단계가 너무 짧거나 그 균열을 발견하지 못한 경우에는 백화점이나 다리가 무너져 내리는 대형사고를 맞게 된다. 구조적 실패로 건물이 붕괴하는 재앙을 겪으면서 공학자들은 세상의 모든 것이 언젠가는 무너질 수 있다는 사실을 절감하고 그 실패를 분석하여 또다시 똑같은 실패가 되풀이되지 않도록 대비하게 된다.

이런 관점에서 본다면 균열 때문에 실패한 대표적 구조물로 자유의 종을 손꼽는다고 해서 미국의 정치적 독립을 상징하는 이 종의 값어치가 훼손되는 것은 아니리라.

유전자 변형 모기로 말라리아 퇴치

　　　　　세상에는 수천 종의 모기가 있으며 그 중 10%는 사람에게 질병을 옮긴다. 특히 사람의 피를 좋아하는 학질모기는 2000년 동안 유럽·미국·아프리카를 가릴 것 없이 개간지의 웅덩이나 가축 우리에서 번식하며 말라리아를 퍼뜨렸다.

　서기 79년 말라리아의 대유행으로 로마의 곡창 지대가 초토화되었다. 1849년 미국에서는 캘리포니아의 백인 이주민들과 함께 수많은 인디언들이 학질에 걸려 죽었다.

　말라리아는 오늘날 열대 및 아열대 지역에 국한된 풍토병으로 간주되지만 지구온난화의 영향으로 감염 지역이 남부 유럽, 러시아 그리고 한반도로 확대되는 추세이다.

　우리나라에서는 1980년대 초 박멸된 것으로 여겨졌으나 1993년부터 환자가 다시 발생하여 1999년에는 3,620명으로 급증했다. 가장 발병률이 높은 지역은 비무장지대이다. 여름이면 이곳을 경계하는 장병들은 모기 떼와의 전쟁에 여념이 없다.

　해마다 세계 인구의 10%가 말라리아에 감염되어 시달리며 100만 명 이상이 목숨을 잃는다. 사망자의 90%는 사하라 사막 이남의 아프리카에서 발생하며 대부분 다섯 살 미만의 아이들이다.

말라리아를 퇴치하지 못하는 이유는 살충제에 대한 모기들의 내성이 갈수록 강해지는 탓도 있겠지만 구매력이 없는 가난한 지역에 필요한 신약 개발에 투자를 주저하는 제약회사들의 장삿속 때문이라는 지적도 있다. 백신 개발을 서두르지 않는 제약회사들은 따가운 눈총을 받고 있다.

지난 5월 미국 케이스 웨스턴 리저브 대학 연구진들은 유전자 변형 모기를 개발했다고 발표하여 말라리아 퇴치에 큰 도움이 될 것이라는 평가를 받았다. 이들은 모기 몸속에서 말라리아 기생충이 성장하지 못하게끔 만드는 유전자를 학질모기 안에 집어넣어 말라리아 감염 능력을 80% 정도 무력화하는 데 성공한 것이다.

유전자 변형 모기가 자연의 모기를 몰아낼 수 있을지 미지수이지만 기존의 살충제가 힘을 제대로 쓰지 못하고 백신 개발 역시 매우 어려운 상황에서 유전자 변형 모기는 말라리아 퇴치의 새로운 무기로 크게 기대를 모으고 있다.

말라리아 창궐의 여파로 아프리카 주민들은 외국투자 감소, 노동인력 교류 침체, 관광산업 부진 등 경제적 손실이 이만저만이 아니다. 말라리아는 현재의 기술로 퇴치 가능한 질병이지만 아프리카는 여전히 신음 중이다. 선진국 사람들은 세계화로 더욱 좁아진 지구촌에서 어떤 질병도 동떨어져 있지 않다는 사실을 망각해서는 안 될 것이다.

포스트휴먼 시대의 주역은 누구일까

　　과학기술 발달의 필연적인 결과로 인류가 전혀 다른 모습으로 바뀌거나 피조물에게 지구의 주인 자리를 내놓게 되는 포스트휴먼(posthuman), 곧 인간 이후의 시대가 도래하게 될 것이라고 내다보는 학자들이 적지 않다.

　　인류의 생물진화가 완료된 이후의 세계를 처음으로 탐구한 과학자는 영국의 존 버널(1901~1971)이다. 1929년 펴낸 『세계, 육체, 악마』라는 소책자에서 인류의 진보를 가로막는 세 가지 적으로 세계(가난과 홍수 같은 물질적 장애), 육체(질병과 죽음 같은 신체적 한계), 악마(탐욕과 질투 같은 정신적 약점)를 열거하고 인류가 이를 극복하기 위하여 자기복제하는 기계, 즉 자식을 낳는 기계를 만들어내게 될 것이라고 예상했다.

　　1986년 나노기술 이론가인 미국의 에릭 드렉슬러는 『창조의 엔진』에서 자기복제 기능을 가진 나노로봇의 개발이 가능하다고 주장하여 근시안적인 일부 과학자들로부터 비웃음을 샀다.

　　1988년 미국의 로봇공학 전문가인 한스 모라벡은 『마음의 자식들』에서 미래사회는 사람보다 수백 배 뛰어난 인공두뇌를 가진 로봇에 의해 지배되는 후기 생물사회가 될 것이므로 인류의 문화는 사람의 혈육보다 사람의 마음을 모두 넘겨받은 기계, 곧 마음의 아이들(mind children)에 의해 승계되고 발전될 것이라는 충격적인 주장을 펼쳤다.

1993년 미국의 역사학자인 브루스 매즐리시는 『네 번째 불연속』에서 자기복제하는 기계가 출현할 것이라고 전망하고, 인류가 생물과 기계의 결합체인 사이보그와 더불어 살지 않으면 안 되는 시대가 다가오고 있음을 암시했다.

2000년 4월 미국의 컴퓨터 이론가인 빌 조이는 〈왜 우리는 미래에 필요 없는 존재가 될 것인가〉라는 글에서 유전공학, 나노기술, 로봇공학 등 3대 기술에 의해 자기복제 기계가 개발될 개연성에 주목하고 인류의 미래가 이러한 기술의 도전에 직면하여 있다는 사실을 환기시켜 세계 언론에 큰 반향을 일으켰다.

2002년 5월 『역사의 종말』로 유명한 프랜시스 후쿠야마는 『우리의 포스트휴먼 미래』를 펴내고 생명공학의 발달로 인류 역사는 포스트휴먼 시대를 개막하게 될 것이라고 역설했다.

자기복제 기계, 마음의 아이들, 사이보그 또는 복제인간. 이 중에서 누가 포스트휴먼 시대의 주역이 될 것인지 미리 궁금해할 필요는 없다. 이러한 피조물의 개발 여부는 아직까지 우리의 선택에 달려 있으므로.

몸도 땅도 반기는 유기농업

농약과 화학비료는 환경오염의 주범이다. 이러한 합성 화학물질은 농지와 하천을 오염시켜 생태계를 파괴한다. 오염된 환경에서 자란 먹거리가 사람의 건강에 좋을 리 만무하다는 생각에서 비롯된 대안이 유기농업이다. 일체의 화학물질을 사용하지 않고 유기 퇴비, 자연광석, 미생물 등 자연적인 자재만을 사용하는 환경친화적인 농법이다.

1980년대 말부터 우리 사회 일각에서 유기농업에 대한 관심이 일기 시작하여 소규모나마 유기농업을 실천하는 농가가 생겨나고, 사단법인 체인 한살림과 가톨릭농민회(우리농촌살리기운동) 중심으로 도시에서 유기농산물을 보급하고 있다.

유기농업 지지자들은 유기농산물을 먹어야 하는 이유를 몇 가지 든다. 우선 농약과 화학비료를 쓰지 않는 농가가 늘어날수록 환경이 덜 오염된다. 또한 유기농산물은 무공해 식품이므로 안전한 먹거리이다. 특히 청소년들이 농약과 화학 첨가물이 함유된 인스턴트 식품을 과다 섭취하여 성정이 포악해지고 범죄가 늘어나는 것을 막기 위해서라도 유기농산물로 식생활을 바꿔주어야 한다는 것이 유기농업 지지자들의 주장이다.

그러나 유기농산물이 다른 식품보다 건강에 유익하다는 주장을 과학적으로 입증한 사례는 거의 없었다. 따라서 자연식품은 건강에 아무런 도움도 되지 않는다고 말하는 학자들이 적지 않았다.

그런데 올해 초 영국에서 자연식품이 심장질환과 암에 걸릴 위험을 감소시켜준다는 연구 결과가 발표되었다. 유기농산물이 다른 식품보다 살리실산(salicylic acid)을 여섯 배나 많이 함유하고 있는 것으로 밝혀졌기 때문이다. 식물이 질병을 방어하기 위해 생산하는 살리실산은 아스피린의 소염 기능에 관련되며, 동맥경화와 결장암 퇴치에 효과적인 물질이다.

한편 유기농업은 화학비료를 사용할 때보다 농작물 산출량이 적기 때문에 농민들에게 경제적으로 불리하다는 것이 일반적인 상식이다.

그러나 스위스의 유기농업 연구소(FiBL)는 세계에서 가장 오랜 기간 유기농업과 재래식 농업을 나란히 비교하는 실험을 실시한 끝에 화학물질을 사용하지 않는 농법이 이익이라는 결론을 내렸다.

21년 동안의 연구 결과 유기농업이 식량생산에 효율적이며, 에너지를 절감하고, 미래를 위해 토양을 건강하게 유지할 뿐만 아니라 생물다양성을 보존하는 것으로 판명되었다. 물론 유기농법의 농작물 산출량이 재래농법보다 낮았지만 장기적으로 기대되는 생태학적 이득이 그러한 손실을 보상하고도 남는 것으로 확인되었기 때문이다.

참고자료 | 스위스 유기농업연구소 홈페이지 www.fibl.ch
천주교 우리농 홈페이지 ohobm.catholic.or.kr

프라이버시의 종말이 임박했다

6월 25일 조지 오웰의 탄생 100주년을 맞아 참여연대 등 52개 시민단체는 빅 브라더 주간을 선포하고 정보인권 보호운동을 전개했다. 오웰의 소설 『1984년』에서 독재자 빅 브라더는 텔레스크린으로 모든 국민의 사생활을 끊임없이 엿본다.

프랑스 철학자 미셸 푸코(1926~1984)는 정보인권을 침해할 소지가 있는 정부의 컴퓨터 통신망과 데이터베이스를 '판옵티콘(Panopticon)'에 비유했다. 판옵티콘은 1791년 영국 철학자 제레미 벤담이 제안한 개념으로 학교, 공장, 병원, 감옥 등에서 한 사람이 모든 것을 감시하는 체계를 뜻한다. 푸코에게 판옵티콘은 한 사람의 간수가 모든 죄수를 감시하는 원형 감옥의 의미를 지닌다.

푸코는 개인의 일거수일투족에 관한 모든 자료가 저장되는 데이터베이스가 마치 판옵티콘이 죄수들을 감시하듯이 출산부터 죽음에 이르기까지 대중을 통제하고 관리하는 전체주의적 권력의 도구로 잘못 사용될 가능성에 주목한 것이다. 말하자면 판옵티콘은 빅 브라더가 정보기술로 구축한 감시체계의 결정판인 셈이다.

정보기술의 발달로 개인의 프라이버시(사생활)가 위협받고 있는 것은 어제오늘의 일이 아니다. 정보기술이 가져다주는 이득이 너무 커서 사생활의 희생을 감수하는 사례가 허다하기 때문이다. 가령 은행에 설치된 비디오 카메라는 범죄 용의자뿐만 아니라 일반 시민을 감시하게 된다.

그러나 어느 누가 프라이버시를 침해당한다는 이유만으로 범인을 잡아주는 비디오 카메라의 철거를 요구겠는가.

이와 같이 정보기술을 이용한 감시 시스템은 우리의 사생활을 위협하고 있지만 사회의 안전을 담보하므로 새로운 감시기술이 끊임없이 개발되고 있다. 예컨대 거리에서 행인들이 속삭이는 말을 녹음하는 마이크로폰, 창문 유리의 진동으로 방 안의 은밀한 대화를 도청하는 장치들이 나왔다.

장수말벌 그기의 비디오 가메라를 친징에 부착하면 빙 인에서 일어나는 모든 일을 녹화할 수 있다. 카메라가 달린 휴대전화(일명 카메라폰)로 닥치는 대로 몰래 사진을 찍을 수 있다.

전문가들은 정보기술의 발달로 프라이버시의 종말이 임박했다고 경고한다. 정보사회의 도시는 머지않아 모든 사람이 발가벗겨진 채 아무 데고 숨을 곳이 없는 사막으로 바뀔 것이다. 누가 정보사회를 유토피아라고 했는가.

동물도 옳고 그름을 판단할까

동물들이 옳고 그름을 따져 공명정대한 행동을 하는 능력을 갖고 있다고 생각하는 사람은 거의 없을 것이다. 대부분의 생물학자들 역시 인류가 지구상에서 도덕관념을 아는 유일한 동물이라고 믿고 있다. 그러나 2001년부터 미국의 마크 베코프 교수를 비롯한 일부 동물행동학자들은 일부 동물들이 사람처럼 도덕적 행동을 할 수 있다는 연구 결과를 발표하였다.

베코프 교수는 동물들이 도덕성의 기초가 되는 정서 능력을 지니고 있기 때문에 페어플레이를 할 수 있다고 주장했다. 많은 생물학자들은 동물이 감정을 갖고 있다는 주장에 동의하기를 꺼리지만 동물들도 사람처럼 느낀다는 증거가 속속 제시되고 있다.

베코프 교수에 따르면 동물의 감정은 1차 감정과 2차 감정으로 구분된다. 1차 감정이 본능적인 것이라면 2차 감정은 다소간 의식적인 정보처리가 요구되는 것이다. 대표적인 1차 감정은 공포감이다. 공포감은 생존 기회를 증대시키므로 모든 동물이 타고난다. 이러한 1차 감정은 뇌의 편도핵에서 발생한다. 사람 역시 공포를 경험할 때 편도핵이 활성화된다.

한편 2차 감정은 기쁨, 슬픔, 사랑처럼 어느 정도 의식적인 사고가 개입되는 감정이다. 동물이 사람처럼 감정을 갖고 있는지 여부에 대해 논란이 되는 대상이 바로 2차 감정이다. 먼저 기쁨의 경우 많은 등뼈동물이 놀이를 하며 즐거움을 느낀 사례가 관찰되었다. 동물이 놀이를 하는 동안 뇌 안에서 도파민이 분비되었다. 신경전달물질인 도파민은 사람의 뇌에서도 분비된다. 일부 동물이 사람처럼 기쁨을 느끼는 능력을 타고났다고 여겨지는 증거이다.

또한 대부분의 새와 포유류는 로맨틱한 사랑을 하는 것 같다. 이들의 뇌에서 사람이 사랑할 때 뇌에서 일어나는 변화와 비슷한 현상이 나타나기 때문이다. 예컨대 사랑에 빠진 사람이나 교미하려는 쥐의 뇌에서는 도파민의 분비량이 증가한다. 사랑을 느낄 줄 아는 동물은 사랑하는 짝을 잃었을 때 슬픔을 느끼는 것처럼 보인다.

베코프 교수는 일부 등뼈동물이 희로애락을 느낄 수 있으므로 옳고 그름을 판단하는 능력을 가질 가능성이 높다고 주장한 것이다. 그가 맞다면 인간이 동물보다 도덕적으로 우월한 존재라고 우길 수만은 없다. 하물며 남을 속이고 반칙을 일삼는 인간 군상들은 도덕적으로 동물만도 못하지 말란 법이 없다.

드라큘라, 흡혈박쥐를 울리다

지난 5월 루마니아의 트란실바니아 산맥에서 세계 드라큘라 대회가 열렸다. 이 지역은 소설 『드라큘라』(1897)의 주인공 드라큘라 백작이 살던 곳이다. 아일랜드의 작가 브램 스토커(1847~1912)는 블라드 테페스(1431~1476)의 잔인성에 격분하여 이 소설을 썼다.

오늘날 루마니아에 속하는 고대 왕국 왈라키아의 왕자인 블라드 테페스는 투르크 제국의 침입에 맞서 용감히 싸운 민족의 영웅이었으나 훗날 단지 재미를 위하여 수천 명을 말뚝에 박아놓은 잔혹한 폭군으로 돌변했다.

소설 『드라큘라』는 1924년 영국의 무대 위에 올려져 엄청난 성공을 거둔다. 그 당시 드라큘라가 입고 나온 야회복과 검은 망토는 현대 흡혈귀의 상징이 되었다. 1931년에는 할리우드에서 영화로 만들어지면서 현대의 뱀파이어(흡혈귀) 신화가 탄생하게 된다.

영화에서 뱀파이어는 박쥐와 연결되어 더욱 괴기스러운 모습으로 등장한다. 특히 소와 돼지 등 가축의 피를 빨아 먹는 중남미의 박쥐에게는 흡혈귀라는 이름이 붙여졌다. 이 흡혈박쥐의 침 속에는 동물의 몸에서 피가 빨리 흘러나오도록 자극하고, 빨아들인 피가 빨리 굳지 못하게 하는 희귀한 단백질이 들어 있다. '드라큘린'이라는 별명의 이 항응

혈 단백질을 쓰면 기존 약들보다 효능이 뛰어난 뇌졸중 치료제의 개발이 가능할 것으로 기대된다.

중남미의 박쥐들은 아주 이따금 잠든 사람을 공격하기도 하지만 침 속의 항응혈 물질로 수많은 사람의 목숨을 지켜줄 것이기 때문에 얼토당토않게 흡혈귀를 상징하는 존재로 낙인찍힌 데 대해 억울해할는지도 모른다.

더욱이 흡혈박쥐는 사회생물학자들에게 인기가 매우 높다. 동물세계에서 상호 이타주의를 보여주는 흔치 않은 사례이기 때문이다. 1971년 미국의 로버트 트라이버스는 혈연관계가 없는 개체 사이의 협동을 설명하기 위하여 상호 이타주의 이론을 발표했다.

상호 이타주의의 기본은 "네가 나의 등을 긁어주면, 내가 너의 등을 긁어준다"는 식의 호혜적 행동이다. 흡혈박쥐는 먹이를 발견하지 못할 때가 많아 서로 피를 나눠 먹는다. 피를 많이 삼킨 박쥐가 게워내서 나누어주면 얻어먹은 박쥐는 나중에 신세를 갚는다.

어느 사회생물학 교수는 흡혈박쥐의 이타주의에 흥분한 나머지 길거리에서 헌혈에 인색한 제자들을 꾸짖는 글까지 발표하였다.

형 많으면 동성애자 되기 쉽다는데

지난 4월 국가인권위원회에서 동성애는 정상적인 성적 지향이라는 소견을 내놓을 정도로 우리 사회에서 동성애는 더 이상 경멸과 금지의 대상이 아니다.

그러나 동성애의 원인에 대해서는 상반된 두 견해가 맞서 있다. 하나는 동성애 성향이 생물학적으로 결정된다고 보는 반면에 다른 하나는 동성애를 성장 과정의 결과로 본다. 전자는 동성애를 선천적인 운명으로, 후자는 후천적인 선택으로 간주하는 것이다.

후자의 견해를 지지하는 쪽에서는 동성애를 성적으로 문란하고 무책임한 사람들의 이기적이고 쾌락주의적인 선택으로 보기 때문에 경멸하고 박해한다. 그러나 동성애를 개인적인 선택으로 보는 견해는 입지가 좁아지고 있다. 1990년대부터 동성애의 생물학적 근거를 밝히려는 연구가 성과를 거둔 덕분이다.

1991년 영국의 신경과학자인 사이먼 리베이는 게이(남성 동성애자)와 이성애 남자의 뇌 구조에 차이가 있음을 밝혀냈다. 성욕을 관장하는 시상하부의 간핵 4개 중에서 세 번째 것의 크기에 현저한 차이가 있음이 밝혀진 것이다.

1993년 미국의 분자생물학자인 딘 해머는 성염색체에서 게이 형제들이 공유한 유전자의 위치를 발견하여 학계는 물론이고 저널리즘의 화제가 되었다. 이 두 사람 모두 게이이다.

특히 리베이의 연구는 동물의 뇌에서도 입증되었다. 2002년 학계에 보고된 자료에 따르면 암컷과 교미하지 않고 수컷과 짝짓기하려는 숫양의 시상하부에서 리베이의 연구 결과와 유사한 구조가 발견되었다는 것이다.

게이가 선택이 아니라 운명이라는 주장은 레이 블랜처드가 제안한 '큰형 효과(Big Brother Effect)'에 의해 더욱 힘을 얻게 되었다.

블랜처드는 15년 동안 형제의 출생 순서가 동성애 성향에 끼치는 영향을 연구한 끝에 게이가 이성애자들보다 형을 더 많이 갖고 있다는 놀라운 사실을 발견했다. 큰형 효과란 형의 수에 비례해서 게이가 될 확률이 증가한다는 뜻이다.

2002년 발표된 블랜처드의 논문에 따르면 가령 4명의 형을 가진 소년은 형이 없는 소년보다 게이가 될 가능성이 3배나 높다.

이 주장이 옳다면 자식을 적게 낳는 추세이므로 게이 역시 찾아보기 힘들게 될 날이 올지 모른다. 큰형 효과가 발생하는 이유는 밝혀지지 않았지만 임신 중에 어머니의 면역계가 태아에게 작용한 결과일 것으로 추측될 따름이다.

8월의 과학나라

유령은 진짜 존재할까

　　무더위가 기승을 부리기 시작하면 귀신을 소재로 하는 드라마가 어김없이 텔레비전 화면을 누빈다. 여름만 되면 귀신 이야기들이 인기를 끄는 이유가 과학적으로 설명되지 않은 것처럼 귀신의 존재 역시 과학적으로 설명되지 않고 있다. 그러나 귀신의 존재를 확인하려는 시도가 없었던 것은 아니다.

　　귀신에 관한 체계적 연구는 19세기 말 영국 심령연구학회에 의해 최초로 시도되었다. 연구 결과는 1886년 『생자의 유령』이라는 책으로 출판되었다.

빨간 종이 줄까

파란 종이를 줄까?

으으으…

유령은 위기유령, 재현유령, 공동유령의 세 종류로 나뉜다. 위기유령은 정서적으로 가까운 사람이 위기에 처했을 때 그 모습이 영상으로 나타나는 것이다. 살아 있는 사람의 유령이므로 대개 한 번 나타난다. 재현유령은 특정한 곳에서 수시로 나타나는 죽은 사람의 혼령이다. 흔히 '고스트'라고 불리는 망령이다. 공동유령은 여러 사람에게 동시에 나타나는 생자 또는 망자의 넋이다. 이 밖에도 보통 유령과 달리 소리를 내고 물체를 움직이는 귀신이 있다. 독일어로 '시끄러운 소리를 내는 유령'이라는 뜻에서 폴터가이스트(poltergeist)라 불린다.

폴터가이스트 현상이 발생하면 이상한 소리와 비명이 들리고 돌멩이가 날아와서 창문이 박살나며 가구 따위의 물체가 움직이는 일이 생긴다. 어떤 폴터가이스트는 사람을 깨물거나 때리고 성적으로 공격을 하기도 한다.

유령의 존재를 믿건 믿지 않건 대다수가 인정하는 이론은 유령을 정신적 환각으로 간주하는 설명이다. 환각은 대응하는 외부 자극이 없음에도 사막의 신기루처럼 그것을 실재하는 것처럼 지각하는 심리적 상태이다.

유령의 존재는 인류의 모든 문화와 역사의 기록에 나타난다. 각종 통계를 보면, 유령의 존재를 믿거나 직접 체험했다는 사람의 비율이 결코 낮지 않다. 예컨대 미국 시카고대학에서 1980년대에 실시한 여론조사에 따르면 성인의 42%, 과부의 67%가 영상(78%), 소리(50%), 촉감(21%), 대화(18%) 등으로 재현유령을 경험한 것으로 나타났다.

유령의 존재를 확신하는 사람들은 귀신이 나왔다는 집이나 으슥한 공동묘지를 찾아다니며 물증을 확보하려고 시도한다. 예컨대 귀신 사냥꾼으로 유명한 영국의 해리 프라이스(1881~1948)는 30여 년간 도깨비집을 연구했는데 녹음기, 사진기, 온도계, 지문채취장치, 망원경 따위의 각종 장비를 갖추고 유령의 출몰 현장을 포착하려고 했으나 성과가 없었음은 물론이다.

식인풍습 실제로 있었다

고고학자들은 오랜 논란 끝에 인류 조상의 식인풍습을 시인하는 쪽으로 가닥을 잡고 있다.

20세기 초에는 우리 조상들이 짐승처럼 서로 잡아먹었기 때문에 수명이 짧았다는 주장이 우세했다. 그러나 1960년대 후반 들어 해골의 상처가 식인의 결과라기보다는 풍화작용, 매장관습 또는 포식동물의 공격에서 비롯된 흔적이라는 주장이 지지를 받았다.

그로부터 30여 년의 논란 끝에 크리스티 터너, 팀 화이트와 같은 인류학자들의 연구성과에 힘입어 1990년대 후반부터는 식인풍습을 기정사실로 받아들이게 되었다.

식인풍습의 존재를 뒷받침하는 고고학적 증거는 도처에서 확인되었지만 사람들이 서로 잡아먹게 된 이유는 아직 확실히 밝혀지지 않고 있다. 단지 굶주림이나 종교적 동기가 빌미가 되었을 것으로 짐작하고 있을 따름이다.

멕시코의 아스텍 왕국에서는 기아를 해결하는 수단으로 식인풍습이 퍼졌다. 16세기에 아스텍 왕국을 정복한 스페인 군대는 멕시코 계곡에서 매년 1만 5,000명이 도살되었음을 확인했다. 심장을 도려낸 직후 짐승처럼 시신을 갈기갈기 찢어 여럿이 나누어 먹었던 것으로 알려진다.

극단적인 기아상태가 아닌 상황에서 식인이 이루어진 사례도 많았다. 파푸아인들은 동물성 지방과 단백질을 좋아해서 신생아의 태반은 물론이고 죽은 친척들의 썩은 시체까지 발라 먹었다.

오스트레일리아 동북부 퀸즐랜드의 원주민들은 포로를 잡으면 여자와 어린아이를 요리해 먹었다. 큰 짐승을 구할 수 없었던 그들로서는 야생동물보다 지방질이 많은 인육을 뿌리칠 수 없었다. 특히 콩팥 부근의 지방질을 귀하게 여겼다. 여자와 어린애는 성인남자보다 지방질이 풍부하여 인기가 높았다.

절망적인 상황에서 생존을 위하여 자행된 식인의 사례도 적지 않다. 1972년 안데스 산맥에 비행기가 추락했을 때 생존자들은 죽은 사람의 살을 먹고 연명했다. 1997년 러시아에서 73살 노파가 82살 남편의 몸을 절반가량 먹은 죄로 체포되기도 했다.

북아메리카 인디언인 아나사지는 400년 동안 공포정치를 위하여 식인을 일삼은 것으로 추측된다. 단순한 죽음보다 남에게 잡아먹히는 것을 두려워한다는 사실을 통치에 활용한 셈이다. 아나사지 마을에서 발굴된 뼈를 분석한 결과 머리를 잘라 구워 먹고 뼈를 쪼개 골수를 빼먹은 것으로 밝혀졌다.

식인풍습이 한때 인류 역사의 일부분이었던 사실을 내키지 않지만 받아들일 수밖에 없잖은가.

참고자료 | 월간 《사이언티픽 아메리칸》 2001년 8월호
아나사지 문화유적 사이트 www.nps.gov/chcu

남극 얼음 밑 호수에 생명체 있을까

지구상에서 가장 추운 곳은 1983년 수은주가 섭씨 영하 89.6도까지 내려간 보스토크이다. 보스토크의 연평균 기온은 섭씨 영하 55도이다.

보스토크는 소련이 얼음에 구멍을 뚫는 기술을 개발하기 위해 남극대륙의 고원에 캠프를 설치해놓은 장소이다. 냉전시대에 미국과 소련은 남극대륙의 얼음을 얼마나 깊이 뚫을 수 있는가를 놓고 경쟁을 벌일 정도였다.

1996년 러시아 과학자들은 보스토크 캠프의 얼음 밑에서 진실로 믿기지 않는 발견을 하고 놀랐다. 두께가 4km 가까이 되는 얼음 아래에서 거대한 민물호수를 찾아냈기 때문이다. 미국의 온타리오 호만큼 크고 깊이가 500m인 호수였는데, 세계에서 가장 추운 곳의 바로 밑에 위치함에도 불구하고 얼지 않은 상태였다.

보스토크 호라 명명된 이 호수의 물은 2500만 년 동안 태양과 대기로부터 격리된 상태였다. 따라서 생물학자들은 호수 안에 지구상의 어느 곳에서도 알려지지 않은 생물체가 살고 있을지도 모른다고 흥분했다. 우선 박테리아가 존재할 가능성이 있었다. 미생물은 태양 에너지와 무관하게 온도나 압력이 극한 상태인 환경에서 생존할 수 있기 때문이다. 그러나 다른 형태의 에너지가 공급된다면 상황은 완전히 달라진다. 가령 보스토크 호의 밑바닥에 열수(熱水) 분출구, 곧 지하의 온천이 마치 오아시스처럼 존재한다면 미생물보다 복잡한 생물체가 서식할 수 있기 때문이다. 다른 지역에서 열수 분출구가 생명에 필요한 에너지와 영양물을 안정적

으로 공급하는 장소임이 확인된 바 있다. 열수 분출구에서 생명이 비롯될 수 있다는 이론은 생명의 요람에 대한 논의에서 매우 중요한 발상으로 평가된다. 과학자들은 바다의 흙탕물 웅덩이가 지구상에 최초의 생명이 생겨난 장소라는 가설을 오랫동안 의심하지 않았기 때문이다.

1998년 러시아와 프랑스 과학자들은 합동으로 보스토크 호를 향해 얼음 밑으로 구멍을 뚫었다. 그러나 호수 표면으로부터 120m되는 지점에서 구멍 뚫는 작업을 중단했다. 호수가 오염되는 것을 방지하기 위해서였다. 그러나 이들은 미생물이 존재하는 증거를 찾아냈다.

보스토크 호에 복잡한 생명체가 살고 있는 단서가 아직 발견되지 않았지만 화성이나 유로파(목성의 달)와 유사한 조건이기 때문에 외계생명을 연구하는 과학자들은 호수를 탐사하는 갖가지 방법을 궁리하고 있다. 보스토크 호에 생명의 기원을 밝혀주는 열쇠가 들어 있을지 귀추가 주목된다.

숨 쉬고 피 흘리는 가상인간

영화 〈파이널 판타지〉의 주인공들은 살아 있는 사람처럼 연기하는 디지털 배우이다. 3차원 애니메이션 기술로 만든 디지털 인간들의 얼굴은 눈썹이나 솜털은 물론이고 주근깨, 주름살, 땀구멍까지 실제와 크게 다르지 않을 뿐만 아니라 바람에 머릿결을 흩날리며 눈동자의 변화로 감정을 표현하는 모습이 살아 있는 배우로 착각될 정도이다. 따라서 영화배우들이 이러한 사이버 배우에게 밀려날지 모른다는 성급한 이야기가 나오고 있지만 모든 3차원 애니메이션은 실제 배우의 동작을 녹화해서 그래픽으로 합성하는 과정을 거쳐야 하기 때문에 스타들이 위기감을 느끼지 않아도 될 것 같다.

애니메이션 기술로 만드는 디지털 인간과 혼동하기 쉬운 것이 가상현실 기법으로 창조하는 가상인간(virtual human)이다. 가상인간은 디지털 인간과 마찬가지로 사람처럼 생겼으며 사

람처럼 행동하지만 컴퓨터 안에서만 생존하는 것이 다른 점이다.

가상인간은 사람의 세포나 기관을 컴퓨터 모델로 만드는 기술을 집대성한 것이다. 가령 옥스퍼드대학에서 개발한 가상심장은 가상세포를 조립해놓은 것이다. 가상세포들은 실제 세포처럼 산소와 영양물질을 사용하여 에너지를 만들어낸다. 이러한 세포들로 구성된 가상심장이 뛰는 모습은 컴퓨터 화면에 나타난다. 가상심장은 실제 심장을 그대로 본뜬 것이므로 가상심장에 질병을 유발한 다음에 가상약품으로 치료하는 실험을 통해 제약회사들은 신약의 성능을 시험할 수 있게 되었다. 따라서 인체의 모든 세포와 기관에 대한 컴퓨터 모델을 개발하여 제약회사에 공급하는 산업이 유망주로 떠오르고 있다.

이러한 산업의 성장으로 여러 기업의 연구진들이 합심하면 사람의 몸 전체를 통째로 본뜬 가상인간의 개발이 가능할 것으로 전망된다. 그러나 인체 전부를 컴퓨터 모델로 만드는 데 소요되는 정보량이 수십억 메가바이트는 족히 될 것으로 추정되고, 여러 연구진들이 제각기 개발하는 가상기관 사이에 표준화 문제가 예상되기 때문에 사람과 똑같이 생긴 가상인간이 단시간에 나타날 것 같지는 않다.

그러나 가상인간에게 거는 기대는 크다. 우선 가상심장처럼 제약업계에서 신약 시험에 활용될 것이다. 가상인간에 유별나게 관심이 많은 쪽은 미국 해병대이다. 사람 대신에 신무기의 파괴력을 확인할 과녁으로 가상인간이 안성맞춤이라고 생각하기 때문이다.

컴퓨터 화면에서 실제처럼 세포가 증식하고 피가 흐르며 숨까지 쉬는 모의인간을 보게 될 날도 머지않은 것 같다.

인어를 본 사람들이 많다

여름철이면 인어를 연상시키는 텔레비전 연속극이 방송되곤 한다. 올해 역시 예외가 아니다. 안데르센의 동화『인어공주』와 줄거리가 비슷한 사랑 이야기가 시청자들을 끌어들이고 있다.

인어는 허리 위는 사람이고 허리 아래는 은빛 비늘의 물고기이다. 기원전 5000년 바빌로니아 신화에 처음 모습을 드러냈으며 그리스와 중국 신화에 등장한다. 인어만큼 자주 목격되고 실체의 존재 여부에 대해 사람들을 헷갈리게 하는 상상동물도 드물다.

로마의 플리니우스(23~79)가 펴낸『박물지』에는 스페인 남부 해안에서 목욕하던 인어가 슬픈 노래를 불렀다는 대목이 나온다. 1755년 덴마크 출신의 저명한 박물학자인 에리크 폰토피단 주교(1698~1764)는『노르웨이의 자연사』에서 북해에 인어가 살고 있다고 주장했다.

인어가 여러 차례 붙잡혔다는 기록도 있다. 1403년 네덜란드의 시골 도랑에서 붙잡힌 인어는 15년 동안 감금상태로 살며 양털 잣는 일을 배우고 십자가 앞에서 무릎 꿇고 기도할 줄도 알았다. 그러나 결코 말은 하지 않았으며 여러 차례 탈출을 시도했다고 한다.

18세기 초 보르네오 해안에서는 푸른 눈에 물갈퀴 손을 가진 인어가 붙잡혔다. 생쥐처럼 찍찍 울며 고양이 똥 같은 배설물을 내놓았다. 아무엇도 먹지 않았으며 나흘 뒤 굶어 죽고 말았다. 그 밖에도 인어가 남자와 결혼해서 아기까지 낳았다는 이야기도 전해진다.

한편 중국의 옛 문헌에는 인어에 해당되는 능어(陵魚)와 교인(鮫人)이 나온다. 능어는 여자 무당이 타고 다녔다는 용어(龍魚)와 동일한 반인반어이다. 교인은 깊은 바다 속에서 베틀에 앉아 옷감을 짜곤 했다. 교인이 울 때마다 흘리는 눈물방울은 모두 빛나는 진주로 변했다고 한다.

인어는 아가씨만 있는 것은 아니다. 그리스 신화의 트리톤은 수컷 인어이다. 바다의 신 포세이돈의 아들인 트리톤은 아버지의 전차를 수행하는 나팔수 노릇을 했다. 플리니우스의 『박물지』에도 수컷 인어를 여러 차례 보았다는 기록이 있다. 중국의 신화에도 수컷 인어의 이야기가 나온다. 요컨대 인어를 통해 동서양을 불문하고 바다에 대한 상상력이 엇비슷함을 확인할 수 있다.

인어의 목격담이 끊이지 않는 이유의 하나로 해우(manatee)의 존재가 손꼽힌다. 대서양, 카리브해, 아마존, 서아프리카 해안에 사는 해우(바다소)는 포유동물인데, 인어처럼 아름답지 않지만 충분히 인어로 착각될 만한 생김새를 갖고 있다. 남획으로 멸종이 임박했다고 한다.

왁자지껄 바다 밑은 시끄럽다

날씨 좋은 날 바다는 평온해 보이지만 바다 밑은 소음으로 시끄럽기 짝이 없다. 잠수함과 고래에서 나는 소리는 물론이고 지구의 진동으로 바다 속은 조용할 날이 없다. 미국 국립 해양 및 대기 관리청(NOAA)에서는 음향감시시스템(SOSUS)으로 바다 밑에서 들려오는 모든 신호를 분석하고 있다.

음향감시시스템은 1960년대에 미국 해군이 소련의 잠수함을 탐지하기 위하여 지구 곳곳의 바다 속에 설치해놓은 수중청음기로 구성된다. 냉전 종료 뒤 1991년부터 민간 과학자에게 사용이 허용됨에 따라 해양학자, 지질학자, 지진학자들의 바다 밑 음향 연구가 활기를 띠었다. 이들은 해저에 설치된 수중청음기에 붙잡힌 소리를 분석하여 바다 속 지진과 화산의 위치를 알아내고, 고래의 이동경로를 추적하며, 바다 온도의 변화를 측정한다.

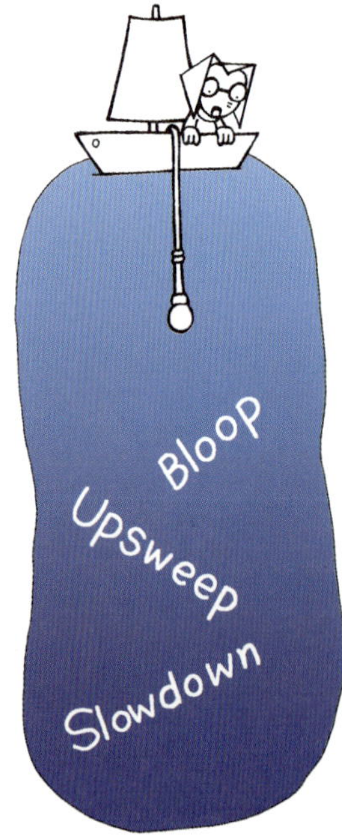

    그러나 아직도 연구진들이 확인하지 못한 신비스러운 소리가 적지 않다. 무엇이 이처럼 기괴한 소리를 내는지 알 길이 없다. 다만 화산이나 빙산 또는 이름 모를 거대한 괴물이 내는 소리라고 추측할 따름이다.

    이러한 소리들은 업스윕(Upsweep), 블룹(Bloop), 슬로우다운(Slowdown) 등 이름조차 이상스럽게 붙여졌다.

    1991년부터 1994년 사이에 지속적으로 들려온 업스윕은 처음에는 고래와 같이 큰 생물이 내는 소리라고 여겨졌다. 그러나 1996년 지질학자들은 고래가 내기에는 너무 큰 소리라는 결론을 내렸으며 화산 폭발 과정에서 발생한 굉음일지 모른다고 생각했다.

    블룹은 찍찍 소리가 나는 불쾌한 잡음이다. 바다 속 깊숙이 숨어 사는 미지의 괴물이 내는 소리일 가능성이 높은 것으로 판명되었다. 1997년 감지된 이 소음은 고래보다 큰 동물이 아니면 낼 수 없는 소리로 확인되었다. 크라켄(kraken)이라 불리는 거대 오징어가 첫 번째 후보로 꼽힌다. 거대 오징어는 주검의 일부가 해변가에서 몇 차례 발견된 것을 빼놓고는 그 실체에 대해 알려진 사실이 기의 없는 괴물이다.

    1997년 5월 이후 해마다 서너 번씩 감지되는 슬로우다운은 마치 비행기가 지나가는 듯한 소음이다. 남극의 얼음이 움직일 때 땅과 마찰하면서 발생하는 소리이다. 따라서 슬로우다운은 남극 빙하의 이동으로 야기되는 기후 변화를 측정할 수 있는 지표로 쓰임새가 있다.

    그 밖에도 확인되지 않은 무시무시한 소리들이 지구의 바다 속 깊은 곳에서 울려 퍼지고 있다. 도대체 그곳에서는 지금 무슨 일이 일어나고 있는 것일까.

개미허리를 왜 좋아할까

최근 13~43살의 서울 여성 200명을 대상으로 실시한 조사에서 외모가 인생의 성패를 좌우한다고 생각하는 여성이 70%나 되는 것으로 나타났다. 특히 응답자의 72%는 얼굴이 예쁜 여자보다 몸매가 좋은 여자가 더 부럽다고 밝혔다.

서울 여자들이 개미허리의 날씬한 몸매를 선호하는 것은 지극히 자연스러운 현상이다. 인도 출신의 미국 심리학자인 데벤드라 싱은 허리/엉덩이 비율(WHR), 곧 엉덩이 치수에 대한 허리 치수의 비율을 연구하고, 남자들의 허리/엉덩이 비율에 대한 선호가 항상 변하지 않는다는 사실을 밝혀냈다.

가령 1980년대 미스 아메리카는 1940년대의 미인보다 두 배가량 가냘플 정도로 말라깽이이다. 이러한 추세로 체중이 줄면 몸매는 막대기 모양이 되지 말란 법이 없다. 그러나 미인들의 몸무게는 줄어들 망정 허리/엉덩이 비율은 예나 지금이나 0.7 안팎이다. 싱은 미인들의 허리/엉덩이 비율이 변하지 않는 것은 남자들이 큰 엉덩이에 잘록한 허리의 여체를 본능적으로 좋아하기 때문이라고 설명한다.

영국의 생물학자인 존 매닝은 생식능력의 측면에서 허리/엉덩이 비율은 진화의 산물이라고 주장한다. 허리/엉덩이 비율이 낮을수록 생식

능력이 우수하기 때문이다. 허리가 잘록한 여자는 여성호르몬인 에스트로겐이 많이 분비되어 임신 가능성이 높다. 또한 엉덩이가 넓으면 산도(産道)가 협소하지 않아 분만에 유리할 수밖에 없다.

1997년 한국표준과학연구원에서 1979, 1986, 1992년에 이어 네 번째로 실시한 국민표준체위조사에 따르면, 우리나라 성인여성(25~50살)의 평균 가슴-허리-엉덩이 크기는 34-28-36이다. 그리고 허리/엉덩이 비율은 0.78이다. 이렇게 보면 한국 여성의 몸매도 썩 괜찮은 축에 든다.

허리/엉덩이 비율을 극적으로 높이는 계기는 임신이다. 임신은 허리와 엉덩이의 크기를 바꿔놓는다. 임신 후반기에 배와 둔부에 피하지방이 축적되는 것은 우유가 없던 먼 옛날 모유가 갓난아기의 생사를 좌우했으므로 출산 뒤 산모가 제대로 먹지 못할 경우에 대처하려는 생물진화의 결과라 할 수 있다.

산모의 체지방은 아기에게 모유를 먹이지 않더라도 시간이 경과하면 감소하게 마련이다. 그러나 하루빨리 허리의 군살을 빼서 임신 전의 몸매를 되찾고 싶다면 아기에게 젖을 물리는 게 상책이다.

아기에게 모유를 먹이면 허리/엉덩이 비율이 낮아진다는 것은 모성애를 아름다움으로 보상하려는 자연의 지혜가 아닐는지.

흡혈동물도 쓸모 있다네

거머리, 십이지장충, 흡혈박쥐, 진드기. 이들은 사람과 동물의 피를 빨아 먹고 사는 기생생물이다. 이러한 흡혈동물은 대략 4만 종에 이른다.

흡혈동물들은 숙주의 몸에서 피가 빨리 흘러나오도록 자극하고, 빨아들인 피가 빨리 응고하지 못하게 하는 화학물질을 갖고 있다. 인류는 수백만 년 동안 이러한 화학물질 때문에 아까운 피를 약탈당할 수밖에 없었다. 그러나 최근에 흡혈동물의 화학물질을 이용하여 신약을 개발하는 연구가 활발해졌다.

첫 번째 연구대상은 거머리이다. 거머리는 가공할 흡혈능력을 가지고 있다. 거머리가 몸에 달라붙어 자신의 체중보다 10배나 많은 피를 빨아 먹을 때까지 사람들이 아픔을 느끼지 못할 정도이다. 왜냐하면 거머리의 침 속에 마취 성분과 함께 혈액 응고를 막는 물질인 히루딘(hirudin)이 들어 있기 때문이다. 4년 전부터 외국 제약회사들은 박테리아의 유전자를 조작하여 히루딘을 대량생산하고 있다. 수술 직후 피가 굳는 것을 방지하는 약품으로 활용된다.

사람과 동물의 창자 안에 기생하며 피를 실컷 빨아 먹는 십이지장충 역시 거머리처럼 혈액 응고를 저지하는 물질을 갖고 있다. 제약회사들은 이러한 항응혈물질을 만들어 수술 후 사용하는 문제를 연구 중이며, 혈액 응고에 따른 협심증으로 심장마비가 일어나는 것을 방지하는 약으로 개발할 계획이다.

아메리카 대륙의 흡혈박쥐는 밤에 가축의 피를 빨아 먹고 산다. 먹이를 발견하지 못할 때가 많기 때문에 어른 박쥐는 열흘에 하루, 어린 박쥐는 사흘에 한 번 정도 굶게 마련이다. 굶는 박쥐가 있으면 정량 이상의 피를 들이삼킨 박쥐는 게워내서 나누어준다. 같은 동굴에서 오랫동안 함께 살기 때문에 상대를 서로 잘 안다. 따라서 과거에 피를 나누어준 박쥐로부터 나중에 되돌려 받는다. 그러나 피를 독식한 박쥐는 훗날 다른 박쥐로부터 피를 얻어 먹기 어렵게 된다.

이처럼 흡혈박쥐가 피를 자유자재로 주고받을 수 있는 것은 침 속에 항응혈물질이 들어 있기 때문이다. 이 물질을 이용하면 심장마비로 굳은 혈액을 용해하는 약의 개발이 가능할 것으로 기대된다.

진드기처럼 숙주가 눈치 채지 못하게 공격하는 솜씨가 뛰어난 벌레도 드물다. 숙주 모르게 12일 이상을 피부에 숨어 지낸다. 진드기에 물리면 면역반응이 일어나서 가렵고 염증이 생긴다. 따라서 진드기 침 속의 화학물질로 천식, 건초열, 결막염처럼 염증 반응이 나타나는 질병의 치료제를 개발하고 있다.

쌍둥이 연구의 어제와 오늘

　　해마다 8월이면 세계 곳곳의 쌍둥이들은 미국 오하이오 주의 트윈스버그로 집결하여 행사를 벌인다. 28년 전 '쌍둥이 마을'이라는 지명에 걸맞게 관광객 유치를 위하여 시작된 행사가 자리를 잡아 2,000여 쌍의 쌍둥이들이 손을 잡고 시가행진을 펼친다. 생김새가 같은 두 사람씩 나란히 걷는 모습은 진기한 볼거리가 아닐 수 없다.

　쌍둥이들이 가는 곳이면 반드시 과학자들이 나타난다. 과학자들은 온갖 수단을 동원하여 쌍둥이들이 그들의 연구에 협조해줄 것을 간청한다. 쌍둥이 연구는 유전자 전부를 공유한 일란성 쌍둥이와 유전자의 절반을 공유한 이란성 쌍둥이를 대상으로 유전자가 특정 형질에 끼치는 영향을 분석하는 접근방법이다. 한마디로 쌍둥이 연구는 유전과 행동 사이에 존재하는 연결고리를 찾는 고전적 방법이다. 따라서 '천성 대 양육' 논쟁, 그러니까 유전과 환경이 인간 행동에 끼치는 영향을 놓고 전개되는 입씨름에서 쌍둥이 연구의 결과는 항상 약방의 감초처럼 관심사가 된다.

쌍둥이 연구를 처음 창안한 인물은 영국의 프랜시스 골턴(1822~1911)이다. 그는 천성과 양육이란 말을 처음 사용한 장본인이다. 또한 선별적인 교배 기술로 동식물의 품종을 개량하는 것처럼, 최고의 소질을 가진 인종을 만들어낼 수 있다고 제안했다. 1883년 그의 생각을 추종하는 학문을 우생학이라 명명했다.

1970년대까지 진행된 쌍둥이 연구는 오점투성이었다. 가장 규모가 컸던 두 가지 연구 모두 우생학을 뒷받침했기 때문이다. 독일의 요제프 멩겔레는 아우슈비츠 수용소에서 유태인을 대상으로 연구했으며, 1966년 영국의 시릴 버트는 인간의 지능이 유전될 가능성이 매우 높다는 논문을 발표했다. 버트의 연구 결과는 영국 교육정책에 반영되었으며 천성 대 양육 논쟁에서 천성 쪽의 입지를 강화시켰다. 그러나 훗날 버트의 일부 연구자료가 날조된 것으로 드러나면서 쌍둥이 연구의 신뢰성에 의문이 제기된다.

더욱이 천성 대 양육 논쟁이 부질없는 것으로 치부되고, 유전자 지도가 완성됨에 따라 쌍둥이 연구는 쓸모없는 것으로 여겨졌다. 그러나 최근에 쌍둥이 연구가 유전병 연구에 특별히 유용한 것으로 입증되었다. 일란성 쌍둥이 연구를 통해 흔한 질병인 골다공증, 비만, 조울병이 어느 정도까지 유전적인 영향을 받는지 밝혀졌기 때문이다.

냉동인간은 깨어날 수 있을까

고대 이집트 사람들이 시체를 미라로 만든 까닭은 영생을 소망했기 때문이다. 20세기 후반 미라처럼 시체를 영구 보존하는 방법으로 인체 냉동보존술(cryonics)이 출현했다.

인체 냉동보존술은 죽은 사람을 얼려 장시간 보관해두었다가 나중에 녹여 소생시키려는 기술이다. 인체를 냉동보존하는 이유는 사람을 죽게 만든 요인, 예컨대 암과 같은 질병의 치료법이 발견되면 훗날 죽은 사람을 되살려낼 수 있다고 믿기 때문이다. 말하자면 인체 냉동보존술은 시체를 보존하는 새로운 방법이라기보다는 생명을 연장하려는 새로운 시도라고 할 수 있다.

세계 최대의 인체 냉동보존 서비스 조직은 미국의 '알코르 생명연장 재단'이다. 1972년부터 서비스를 제공 중인 알코르는 고객이 사망하면 즉시 시신을 얼음통에 집어넣고, 산소 부족으로 뇌가 손상되는 것을 막기 위해 심폐소생기를 사용하여 호흡과 혈액 순환 기능을 복구시킨다. 이어서 피를 뽑아내고 정맥주사를 놓아 세포의 부패를 지연시킨다.

그런 다음 시체를 애리조나 주의 알코르 본부로 이송한다. 환자의 머리와 가슴의 털을 제거하고 두개골에 구멍을 뚫어 종양의 징후를 확인한다. 시신의 가슴을 절개하고 늑골을 분리한다. 기계로 남아 있는 혈액을 모두 퍼내고 그 자리에는 특수액체를 집어넣어 기관이 손상되지 않도록 한다. 사체를 냉동보존실로 옮긴 다음에는 특수액체를 부동액으로 바꾼다. 부동액은 세포가 냉동되는 과정에서 발생하는 부작용을 감소시킨다. 며칠 뒤에 시체는 액체질소의 온도인 영하 196℃로 급속 냉각된다. 이제 시체는 탱크에 보관된 채 냉동인간으로 바뀐다.

인체 냉동보존술이 실현되려면 두 가지 기술이 필요하다. 하나는 뇌를 냉동 상태에서 제대로 보존하는 기술이고, 다른 하나는 해동 상태가 된 뒤 뇌의 세포를 복구하는 기술이다. 뇌의 보존은 저온생물학, 뇌세포의 복구는 나노기술과 관련된다. 요컨대 인체 냉동보존술은 저온생물학과 나노기술이 결합될 때 비로소 실현 가능한 기술이다.

2030년쯤 세포를 수리하는 나노로봇이 개발될 전망이다. 그렇다면 늦어도 2040년까지는 냉동보존에 의해 소생한 최초의 인간이 나타날 가능성이 높다. 그러나 뇌 세포의 수리에 의해 이미 소실된 기억을 다시 살려내는 일이 쉽지 않을 것이라는 의견도 만만치 않다.

알코르에 따르면 100여 구의 시체가 냉동된 채 부활을 꿈꾸고 있다.

미지의 생물이 기다리고 있다

해외 여행을 꿈꾸는 젊은이들에게 미지의 생물을 찾는 모험에 나설 것을 권유하고 싶다. 지구상에 존재하는 생물은 1,300만 종으로 추정되지만 이 중에서 겨우 170만 종이 학문적으로 발견되었기 때문이다.

숨어 사는 동물을 연구하는 신비동물학자들이 특별히 주목하는 지역은 베트남 북서부의 뷰쾅 자연보호구이다. 하노이로부터 350km 떨어진 산악지대의 높은 쪽에 위치한 이곳에는 일 년 내내 늘푸른 수풀이 무성하다.

1992년 5월 뷰쾅 자연보호구에서 사올라(saola)가 발견되어 신비동물학자들을 흥분시켰다. 처음에는 염소와 유사한 동물로 여겨졌으나 가죽을 면밀히 조사한 결과 소로 밝혀졌다.

1993년 6월 과학 전문지 《네이처》는 "사올라는 겉모양, 형태, 두개골과 이빨의 특징, 유전자 등이 다른 동물과 현저하게 다르다"고 보도했다. 1994년 봄에 살아 있는 사올라가 처음으로 붙잡혔는데, 이 암컷은 얼굴에 하얀 점이 있고 가느다란 갈색 줄무늬가 등에 새겨져 있었다.

사올라의 발견에 세계 언론 역시 흥분했다. 전쟁으로 초토화된 베트남에서 야생동물이 살아남아 있을 가능성은 희박하다고 보았기 때문이다. 1965년부터 1969년까지 미국 공군은 베트남의 들, 숲, 강, 산, 마을에 450만 톤의 폭탄을 투하했다.

500파운드(227kg)의 폭탄이면 지름 9m, 깊이 4.5m의 구멍이 파인다는 점을 감안할 때 미군의 폭탄 투하로 베트남의 산천초목이 온전할 리 만무했다. 게다가 월맹군이 숨지 못하도록 밀림을 제거한답시고 삼림 지역마다 유독성 화학물질을 뿌려댔다.

그러나 황량한 베트남 북부 지역은 다행히 미군의 폭격과 독극물 살포를 모면했기 때문에 사올라가 뷰쾅 자연보호구에서 수천 년 동안 누려온 삶을 지속할 수 있었던 것으로 밝혀졌다. 사올라의 발견으로 신비동물학자들은 뷰쾅 자연보호구에 숨어 사는 또 다른 동물이 있는지 모른다고 생각했다. 사올라가 서양 과학자들에게는 미지의 '숨어 사는 동물'일 테지만 원주민들은 익히 알고 있던 동물이었기 때문이다.

1994년 3월 뷰쾅에서 자이언트문착(giant muntjac)이라는 사슴이 발견되었다. 2002년 여름에는 삼나무의 일종인 새로운 침엽수를 찾아냈다. 그 밖에도 신종 어류와 거북, 사슴과 염소 등 포유류의 새로운 종이 발견되었다.

델포이 신화를 과학으로 증명하다

고대 그리스에서 종교적으로 가장 중요한 도시는 델포이였다. 그리스 중부의 파르나소스 산비탈에 건설된 델포이에는 태양신 아폴론의 신전이 있었기 때문이다. 이곳에서 그리스인들은 신에게 미래에 관해 문의하고 신이 주는 답변, 곧 신탁에 따라 대책을 궁리했다. 예컨대 부족끼리 전쟁을 할 때마다 장수들은 델포이에서 받은 신탁에 따라 해결책을 찾았으며, 일반 시민들은 건강이나 재산 관리에 관한 신탁을 듣기 위해 아폴론 신전을 찾았다.

델포이 신탁은 특히 신화로 널리 알려졌다. 그리스 신화에서 신은 인간에게 미래를 가르쳐주지만 인간은 그 일을 피하려고 몸부림칠수록 더욱 비극적 운명의 희생자가 되고 마는 이야기가 소개된다.

신탁의 불길한 미래를 벗어나지 못한 대표적 인물은 오이디푸스이다. 첫 번째 신탁은 그의 아버지에게 내려졌는데, 자신의 아들에게 살해당할 것이라는 내용이었다. 두 번째 신탁은 오이디푸스에게 내려졌는데, 친아버지를 죽이고 어머니와 결혼하게 될 것이라는 내용이었다. 결국 이 무시무시한 예언은 실현되었으며 오이디푸스는 스스로 눈을 멀게 하고 방랑자 신세가 된다.

델포이의 신탁은 퓌티아라 불리는 여인에 의해 전해진다. 퓌티아는 월계관을 쓰고 역시 월계수로 장식된 삼각의자에 앉는다. 이 의자는 깊숙이 틈이 난 곳에 놓여 있는데, 지하의 동굴에서 발산된 특수한 증기가 이 틈으로 새어 나온다. 퓌티아는 이 증기를 마시면 무아경에 함몰되어 영감을 얻고 아폴론의 신탁을 읊조리게 된다. 여성을 차별했던 옛 그리스인들이 아폴론의 대리인으로 여자인 퓌티아를 내세운 것은 자못 흥미롭다.

델포이 신탁의 예언적 영감이 땅 밑의 증기와 관련되었다는 주장은 옛 그리스의 지식인들, 예컨대 철학자 플라톤, 지리학자 스트라본, 역사학자 플루타르크 등의 지지를 받았다.

그러나 1900년경 이러한 설명은 완전히 허구라는 반론이 제기되었다. 고고학자들이 아폴론 신전의 옛터에서 땅이 갈라진 틈이나 증기를 찾아내지 못했기 때문이다.

하지만 1996년 상황이 반전된다. 델포이 신전 아래에서 발견된 단층을 통해 지하에서 발생하는 에틸렌 등 여러 기체가 땅 위로 솟아 나오는 사실이 확인된 것이다. 에틸렌을 마시면 물론 퓌티아처럼 무아경에 빠질 수 있다. 과학이 신화의 입지를 강화해준 보기 드문 사례가 아닌가 싶다.

9월의 과학나라

소행성이 지구와 충돌한다면 | 의학기술 혁명 부른 청진기 | 공포증을 극복하는 방법 | 거미줄로 낙하산 만든다 | 테러에도 마천루 건설은 계속된다 | 9·11 테러리스트, 이슬람에선 영웅 | 달은 사람에게 어떤 영향을 끼치는가 | 슈퍼맨, 힘 내세요! | 사이비과학을 믿는 사람 너무 많다 | 유전자변형 농산물은 안전한가 | 달나라 토끼에게 선물 보낼까 | 약으로 기억력을 높이면 행복할까 | 뉴턴 신화의 그늘

소행성이 지구와 충돌한다면

지구는 자동차가 많이 다니는 네거리의 한 가운데 서 있는 사람처럼 '지구근접물체(NEO)'로부터 끊임없이 위협을 받고 있다. 2000년 8월 완성된 영국정부의 보고서를 보면 지구가 지구근접물체와 충돌하여 우리가 죽게 될 확률은 하늘에서 타고 있던 비행기의 충돌사고로 숨질 확률과 동일하다.

지구 근처에서 떠도는 소행성과 지구 궤도를 가로지르는 짧은 주기의 혜성을 통틀어 지구근접물체라 한다. 태양계 바깥 쪽에서 배회하는 혜성은 매우 드물지만 쉽게 눈에 띈다. 그러나 소행성은 맨눈으로 보기에는 너무 작고 멀리 있다. 대부분 화성과 목성의 궤도 사이에 셀 수 없이 많이 분포되어 있다. 2000년 6월 과학전문지 《사이언스》에 기고한 글에서 과학자들은 지구 전체를 파괴할 수 있는 지름 1km 이상의 소행성이 900개나 된다고 밝혔다. 더욱이 이처럼 존재가 규명된 소행성

은 전체의 40% 정도에 불과할 따름이라고 주장했다.

원시지구는 지구근접물체와 자주 충돌했던 것으로 보인다. 충돌 증거는 150개 정도의 운석구멍 형태로 남아 있다. 운석(별똥)은 혜성이나 소행성의 조각이 지구 표면에 도달한 것이다.

가장 유명한 운석 자국은 멕시코 유카탄 반도에서 발견된 지름 195km의 분화구이다. 6500만 년 전 공룡의 대멸종을 '충돌이론'으로 설명하는 근거이다.

5만 년 전 미국 애리조나 주의 사막에 운석이 떨어진 흔적이 있다. 지구상에서 운석 충돌로 생긴 최초의 분화구로 공인된 것이다. 지름은 1.2km이다. 20세기에도 여러 차례 운석 충돌사건이 발생했다. 최대의 사건은 1908년 시베리아의 외딴 지역인 퉁구스카에서 일어났다. 지름 60m의 운석이 10km 높이의 하늘에서 폭발했는데, 거대한 불덩어리가 숲을 전소하고 순록을 몰살시켰다. 만일 뉴욕 같은 대도시였다면 수백만 명의 목숨을 앗아갔을 것이다.

지금까지 관측된 소행성들은 언제 지구와 **충돌**할 것인지 계산이 가능하다. 따라서 과학자들은 핵무기가 탑재된 로켓을 발사하여 작은 소행성은 분쇄하고, 큰 소행성은 진로를 바꿔주면 충돌에 따른 지구의 재난을 최소화할 수 있을 것으로 기대한다. 이러한 공격의 효과를 극대화하기 위해 지구근접물체의 표면을 탐사하는 계획이 미국과 일본 등에 의해 추진되고 있다. 일본은 2002년 한 소행성에 우주선을 보낼 예정이며, 미국은 '딥 임펙트' 계획을 마련했다. 2004년 1월 '템펠 1 혜성'으로 우주선을 발사하여 실제로 충돌시키는 실험을 시도할 계획이다.

의학기술 혁명 부른 청진기

청진기는 의사의 귀 노릇을 한다. 의사들은 청진기로 환자 가슴 속의 기관이 내는 온갖 소리의 특성을 파악하여 질병을 진단한다. 청진기를 뜻하는 영어(stethoscope)는 그리스어로 '가슴'과 '본다'의 합성어이다.

1816년 프랑스 의사인 라에넥(1781~1826)이 심장병을 앓고 있는 젊은 여성을 진찰하는 과정에서 고안되었다. 그는 타진법과 촉진법을 사용하려 했으나 환자가 너무 비대해서 효과가 없었다. 차선책으로 청진법을 고려했지만 환자가 너무 젊어 그녀의 젖가슴에 귀를 갖다대기가 민망했다. 라에넥은 소리가 단단한 물체를 통해 전달된다는 사실을 떠올리고 종이 여러 장을 둘둘 말아 원통처럼 만든 다음에 한쪽 끝은 여자의 가슴에, 다른 쪽 끝은 자신의 귀에 대어보았다. 그는 가슴 속에서 폐나 심장이 내는 소리를 들을 수 있었다. 그가 둥근 나무조각으로 만든 것이 청진기의 시초이다. 라에넥이 죽은 뒤 두 개의 고무관을 귀에 연결하는 오늘날의 청진기가 미국에서 개발되었다. 의사의 귀가 마침내 청진기로 대체된 것이다.

청진기는 아주 단순한 장치이지만 폐결핵과 같은 흉부 질환을 정확히 진단할 수 있음이 밝혀졌다. 그러나 모든 의사들이 청진기의 효용성에 만족한 것은 아니었다. 가령 청진기가 휴대하기 불편하다고 투덜댄 의사들이 적지 않았다. 어떤 의사들은 중절모 속에 청진기를 따로 넣고 다녔다. 영국에서 한 의과대학 학생이 모자 속에 넣어둔 청진기 때문에 불법무기 소지죄로 고소당하는 일까지 발생했다.

청진기는 남자 의사가 여자 환자를 다루기 불편했기 때문에 발명된 것으로 보는 견해가 지배적이지만 일부 학자들은 환자와 거리를 두고 싶어하는 의사들의 욕구에서 청진기 등장의 동기를 찾아야 한다고 주장한다. 요컨대 청진기의 사용으로 환자와 의사 사이에 도구를 개입시키는 행위가 일상화되기 시작했으며 진단방법에 획기적인 변화가 일이났다는 것이다.

청진기가 없던 시절에는 의사가 환자와 직접 대화를 나누면서 질병을 진단했다. 그러나 각종 의료장비에 의존하면서부터 의사들은 자신의 경험과 통찰력을 근거로 진찰하고 임상적 판단을 내리던 능력을 차츰 상실하게 되었다. 말하자면 인술은 사라지고 의사들은 의료장비를 조작하는 기술자로 전락하기에 이르렀다.

이런 맥락에서 청진기가 의학기술에 미친 영향을 인쇄술이 서구문화에 미친 영향만큼이나 충격적인 것으로 보는 견해가 설득력을 갖는다.

공포증을 극복하는 방법

　　　　　　　현대인의 정신질환 중에서 가장 많은 사람들이 고통을 받고 있는 것은 두려움에 관련된 병들이다. 인구의 약 10%가 어떤 형태의 두려움을 수반하는 불안장애를 갖고 있다. 가장 흔한 불안장애는 공포증이다. 불안감에 휩싸여 생활에 필요한 일상적인 일조차 할 수 없게 되는 상태를 공포증이라 한다. 심리학자들에 의해 확인된 공포증은 무려 500개를 상회한다.

　공포증은 사회적 공포증, 공황 발작, 특정 공포증 등 세 종류로 나뉜다. 사회적 공포증은 사회생활을 하면서 부딪히는 것들에 대해 두려움을 느끼고 정서장애를 나타내는 질환이다. 진땀을 흘리고 무서움으로 떨며 머리가 어찔어찔하거나 메스꺼움을 느낀다. 상태가 심해지면 환자 스스로 사회로부터 격리되어 결국 우울증이나 알코올 중독 증세를 나타낸다. 공황 발작은 특별한 이유 없이 때와 장소를 가리지 않고 갑자기 일어나는 강력하고 반복적인 불안발작이다. 발작 자체는 불과 15~30초밖에 지속되지 않지만 유발된 공포감이 신경계를 자극하여 심장이 몹시 뛰고 온몸이 부들부들 떨린다. 특정 공포증은 특정한 대상에 대하여 두려움을 느끼는 불안장애이다.

　세 가지 공포증 가운데서 가장 치료하기 쉬운 것은 물론 특정 공포증이다. 원인을 가장 이해하기 쉽기 때문이다. 특정 공포증은 네 가지의 범주, 즉 동물, 자연환경, 상처나 피, 위험한 상황에 대한 공포증으로 분류된다. 이를테면 뱀을 무서워하는 뱀 공포증, 높은 곳을 두려워하는 고소 공포증, 좁은 공간을 겁내는 밀실 공포증, 공공장소에서 정서 장애를 나타내는 광장 공포증이 대표적인 특정 공포증이다. 특정 공포증은 뱀, 비행기, 공개석상에서의 연설 등 자신이 두려워하는 대상을 회피함으로써 의사의 도움 없이 해결이 가능하다. 최근에는 고소 공포증이나 비행 공포증에 시달리는 환자들을 가상현실 기술로 치료하는 기법이 효과를 보고 있다. 가상현실로 실제 상황을 모의해서 환자에게 반복적으로 체험할 기회를 제공함으로써 공포감을 스스로 극복하도록 한다.

사회적 공포증은 약물로 치료하는 길이 열렸다. 2000년 미국 식품의약품국은 처음으로 치료제를 승인했다. 가장 까다로운 공황 발작 역시 약물 치료의 가능성이 높아지고 있다. 최근 스페인 바르셀로나 연구소에서 공황 발작을 유발하는 비정상적인 염색체를 발견했기 때문이다. 공포증이 환경 못지않게 유전과 관계가 있음을 밝혀낸 셈이다.

거미줄로 낙하산 만든다

　　　　　　　　아침이슬로 반짝이는 거미줄을 보면 금방 끊어질 것처럼 약해 보인다. 그러나 거미줄은 같은 무게로 견줄 때 강철보다 다섯 배 정도 튼튼하고 방탄복 소재로 쓰이는 합성섬유인 케블라보다 단단하다. 게다가 본래 길이의 130%까지 늘어날 정도로 탄력적이다. 또한 높은 온도에서 불안정하지 않고 방수 기능이 있으며 알레르기를 유발하지 않기 때문에 자연에서 생산되는 가장 유별난 생물재료인 것으로 판명되었다.

　거미의 종류는 3만4,000 종을 상회하며 뜨락의 정원수 사이로 하늘 높이 내걸린 것에서부터 지하의 음습한 굴속에 자리 잡은 것까지 놀라울 정도로 다양한 형태의 집을 짓는다. 따라서 거미의 이름을 정할 때는 으레 집의 생김새를 그대로 사용한다.

　거미는 명주(실크) 모양의 실을 분비한다. 거미 실크는 누에의 명주실처럼 단백질이다. 거미가 분비하는 실크의 종류 역시 다양하다. 한 마리의 거미에서 전혀 특성이 다른 포획실크와 드랙라인(dragline) 실크가 생산된다. 포획실크는 거미집을 형성하는 것으로서 붙잡힌 먹이를 묶어두는 끈적끈적한 실이다. 드랙라인 실크는 거미가 끊임없이 자신의 뒤쪽으로 내려뜨리는 견고한 실인데, 그들의 집을 지탱해주는 버

팀목 노릇을 함과 아울러 공중에서 안전하게 아래로 내려올 수 있도록 통로 역할을 하는 일종의 생명줄이다.

거미 실크를 활용하려는 시도는 고대 그리스 시대부터 시작되었지만 경제성 측면에서 사용가치가 없었다. 그러나 유전공학의 발달로 대량생산의 길이 트임에 따라 거미 실크가 지닌 보기 드문 특질을 이용하려는 연구가 본격화되었다.

1989년 거미 실크의 단백질을 만드는 유전자가 발견되면서부터 거미줄을 산업화하는 방법이 다각도로 개발되었다. 가령 1999년 캐나다에서 거미 유전자를 염소의 유방세포 안에 넣어 염소가 젖으로 거미줄의 단백질을 대량 분비하게 하는 실험이 성공했다. 미국의 넥시아 바이오테크놀로지스는 염소에서 합성해낸 서미줄을 생물강철(biosteel)이라고 명명했다. 강철 못지않은 생물재료라는 뜻이 담긴 제품명이다. 2001년에는 담배와 감자에 거미 유전자를 삽입하여 잎에서 거미 실크가 분비되도록 하는 데 성공했다.

인공 거미줄은 인공힘줄과 인공인대에서부터 수술 부위를 감싸는 재료에 이르기까지 의료부분에서 쓰임새가 다양할 것 같다. 방탄복이나 낙하산 등 군사용품은 물론이고 고급 직물의 소재로서 각광을 받을 것임에 틀림없다.

테러에도 마천루 건설은 계속된다

지난해 발생한 9·11 테러 1주년을 맞아 뉴욕의 110층 짜리 세계무역센터 쌍둥이 빌딩 폭파 현장인 '그라운드 제로'에서 2,800여 명의 희생자를 추모하는 행사가 거행된다. 1주년 기념식은 테러집단에 납치된 첫 번째 비행기가 북쪽 건물에 충돌한 아침 8시 46분(현지 시각)부터 건물이 무너진 10시 29분까지 103분 동안 거행된다. 남쪽 건물은 9시 3분 두 번째 비행기의 공격으로 10시 5분, 62분 만에 붕괴되었다.

1973년 완공된 세계무역센터 빌딩은 세계에서 두 번째로 높은 건물답게 설계 당시 폭풍과 지진 같은 자연 재해에 대한 만반의 대비책을 강구했으나 테러는 전혀 고려 대상이 아니었다.

1993년 2월 26일 정오가 조금 지났을 무렵 폭약을 가득 실은 트럭이 이 건물 지하 주차장을 공격하여 지하층이 무너지고 아수라장이 된 적이 있다. 이 사건을 통해 기술자들과 테러리스트들은 제각기 상반된 교훈을 얻었다. 기술자들은 가급적 많은 인명을 구하기 위해 각종 비상안전장치가 보완되어야 한다는 생각을 갖게 되었으며, 테러리스트들은 트럭으로 건물 아래를 공격하는 것보다는 위에서부터 붕괴시키는 방법이 더 효과적이라고 판단하게 되었다. 테러리스트들은 9·11 테러에서 그들의 판단이 옳았음을 비극적으로 유감없이 보여준 것이다.

9·11 직후 미국의 구조공학 전문가들은 세계무역센터 건물이 붕괴한 원인은 비행기에서 쏟아져 나온 수만 갤런의 연료가 일으킨 화재 때문이라고 결론을 내렸다. 고열의 불길로 건물 뼈대의 강철이 약해지면서 콘크리트와 사무실 비품 따위의 무게를 견디지 못해 층별로 차례차례 무너져 내렸다는 것이다. 많은 사람들은 나무토막처럼 옆으로 쓰러지지 않은 이유에 대해 궁금증을 갖는데, 전문가들은 나무는 고체이지만 세계무역센터 빌딩은 대부분 빈 공간이며 겨우 10%가 고체이기 때문에 쓰러지지 않고 내려앉은 것이라고 설명한다.

여느 건물 같았으면 금방 무너질 만큼 엄청난 불길 속에서 두 건물이 한 시간 넘게 버틴 덕분에 수많은 사람들이 목숨을 건진 것은 불행 중 다행이었다.

9·11 테러를 계기로 산업혁명의 상징인 마천루가 정보사회에서도 꼭 필요한 것인지 의문을 제기하는 사람들이 적지 않다. 그러나 21세기에도 인류는 하늘 높이 더 높은 건물을 세우게 될 것임에 틀림없다. 프랑스 자크 라캉의 분석처럼 하늘을 찌르는 마천루는 남근의 발기능력을 과시하는 상징일 테니까.

9·11 테러리스트, 이슬람에선 영웅

지난해 9월 11일 자살특공대로 보이는 테러집단에 의해 납치된 민간 여객기가 뉴욕의 110층짜리 세계무역센터 쌍둥이 빌딩을 공격하는 장면을 텔레비전 생중계로 지켜보면서 반인륜적 테러행위에 전율하지 않은 사람은 없었을 것이다.

미국은 테러의 배후로 오사마 빈 라덴을 지목하고 그가 설립한 테러조직인 알 카에다를 섬멸하기 위해 아프가니스탄을 초토화시켰지만 세계 여론은 미국의 무차별적인 보복공격을 비난하지 않았다. 알 카에다가 지하드(성전)를 부르짖는 여느 이슬람 단체들처럼 광신도의 집단이기 때문에 미국의 응징은 당연하다는 분위기가 대세였다.

그러나 어리석지도 않고 정신병자들도 아닌 아주 정상적인 사람들이 스스로 목숨을 버리면서 한 번도 만난 적이 없는 사람들을 마구잡이로 몰살한 테러행위의 동기를 종교적 신념만으로 설명하는 것은 설득력이 떨어진다는 게 진화심리학 쪽의 견해이다.

진화심리학은 진화생물학, 인지심리학, 인류학, 신경과학의 결합에 근거를 두고 사람의 마음을 설명하려는 학제간 연구이다. 요컨대 마음을 생물진화의 산물로 전제하는 진화심리학에서는 모든 인류가 공유하는 것으로 간주한 행동 특성들, 이를테면 언어, 폭력성, 이타주의,

짝짓기 등이 자연선택에 의한 적응의 산물임을 밝히기 위해 노력하고 있다.

진화심리학에 따르면, 사람은 이기적인 측면이 강함과 동시에 국립묘지에 잠든 무명용사들이나 일본군의 가미카제 특공대원처럼 남을 위해 자기를 희생하는 성향을 타고난 이타적인 존재이다. 또한 인간은 본능적으로 정의에 민감한 것으로 밝혀졌다. 옳다고 여겨지는 행동을 선호하는 마음이 진화되었다는 것이다.

정의를 실현하기 위해 위험을 불사하는 성향은 특히 젊은 남자들에게서 두드러지게 나타난다. 생식전략의 측면에서 용감한 남자들만이 짝을 구할 수 있었기 때문에 젊은 남자일수록 위험을 두려워하지 않았다. 그 좋은 예가 폭력 범죄의 통계이다. 수십 년 동안 인류사회의 범죄를 연구한 캐나다의 심리학자 부부인 마고 윌슨과 마틴 데일리에 따르면 살인범의 과반수가 젊은 남자이다. 이러저러한 진화심리학의 연구 결과를 종합해보면 젊은 남자들은 옳다고 여겨지는 것을 위해 스스로 목숨을 던지는 본능을 타고난다.

진화심리학이 타당하다면, 9·11 테러는 광신도들의 예외적 만행이라기보다는 인간 본성의 한 단면을 드러낸 비극일 따름이다. 테러리스트들은 이슬람 세계에서 영웅이자 순교자로 불린다.

달은 사람에게 어떤 영향을 끼치는가

한가위에 한반도 밤하늘에 휘영청 밝게 뜨는 보름달은 참으로 위대하다. 만월이 되는 추석에 수많은 사람들이 고향과 부모를 찾아 나서는 이유는 뭘까.

달은 불교에서 평화와 아름다움을 뜻한다. 특히 초승달은 관음보살의 표지이다. 기독교에서 달은 대천사 가브리엘의 거처이다. 이슬람교는 달이 시간의 척도를 의미한다고 여겨 태음력을 사용한다. 초승달은 이슬람교의 상징이다.

달은 보편적으로 순환적 시간의 리듬을 상징한다. 따라서 많은 사람들은 달의 위상이 인간의 행동에 영향을 끼칠 수 있다고 생각했다. 정신이상을 뜻하는 영어 낱말(lunacy)이 로마의 달의 여신인 루나에서 비롯될 정도였다. 물론 이러한 사고방식은 현대과학에 의해 미신으로 치부되었다.

그러나 근년에 생체시계를 연구하는 시간생물학이 출현함에 따라 달의 위상과 인간 행동의 상호관계를 보여주는 사례가 속속 나타나고 있다. 이를테면 장기결근, 심장마비, 긴급구조 요청 전화, 정신병 입원환자의 증감이 모두 달의 위상과 관련된다는 연구 결과가 나왔다. 강·절도, 폭행, 강간, 자살 기도 등은 만월이 되기 2~3일 전에 급격히 증가하는 것처럼 보인다.

1995년 미국 심리학자들은 보름달일 때 음식을 더 먹고 술을 덜 마신다는 것을 밝혀냈다. 1998년 이탈리아 수학자들은 출산 경험을 가진 여자일수록 보름 1~2일 뒤에 아기를 많이 낳는다는 사실을 확인했다.

2000년 영국 통신회사 연구진들은 전화와 인터넷 사용 주기가 달의 위상과 일치함을 발견했다. 예컨대 보름달일 때 고객의 인터넷 사용이 가장 많았던 것으로 나타났다.

그러나 이러한 연구 결과에도 불구하고 달의 위상이 사람의 행동에 영향을 끼친다고 믿을 만한 과학적 근거는 아직까지 없다. 몇몇 그럴 법한 이론이 없는 것은 아니다. 가령 인체의 80%가 물이기 때문에 달의 중력이 바다의 간만에 작용하는 것처럼 인체에 영향을 끼칠 수 있다는 이론이 한때 인기를 끌었으나 1995년 엉터리 주장으로 판명되었다. 어쨌든 보름달이 인간의 행동에 어떤 영향을 끼치는지 아무도 모른다. 추석에 처자식을 데리고 민족 대이동을 감행하는 우리나라 가장들조차도.

옛날 옛적에는 보름날에 즈음하여 3일 동안 반달일 때보다 달빛이 12배 정도 강해서 여느 밤보다 열심히 쟁기를 갈고 먹거리를 가꾸며 늦게 잠들었다. 그러나 오늘날 달빛을 고마워하는 사람들은 별로 없다. 가장 밝은 보름달일지라도 100와트 전구의 적수가 못 되니까.

슈퍼맨, 힘 내세요!

오는 9월 25일 50번째 생일을 맞는 크리스토퍼 리브는 영화 〈슈퍼맨〉의 주인공답게 그를 사랑했던 사람들에게 감동의 순간을 안겨주고 있다.

1995년 리브는 승마 중 떨어져 입은 척추부상으로 목부터 발끝까지 마비된 하반신 불구가 되었다. 그는 사고 뒤 1년 만인 1996년에 휠체어를 탄 모습으로 민주당 전국대회의 특별연사로 등장하여 미국의 영웅으로 떠올랐다. 50회 생일 때까지 다시 일어나 걷고 싶다는 그의 꿈과 재활 의지가 미국인들의 심금을 울렸기 때문이다.

수세기 동안 의사들은 척수를 고치는 것은 불가능하다고 생각했다. 척수에는 재생을 억누르는 단백질이 많기 때문에 치료하기 어렵다고 여겼던 것이다. 그러나 1988년 스위스 취리히 대학의 신경과학자인 마틴 슈바브가 척수 치료의 길을 터놓았다. 그는 중추신경계에서 유일한 존재 목적이 세포의 성장을 가로막는 것처럼 보이는 물질을 분리하는 데 성공했다. 척수를 다쳤을 때 이 화학물질은 오로지 손상을 입히는 구실만을 한다. 슈바브는 이 물질을 중화시키는 항체, 곧 세포의 재생을 가능하게 하는 항체를 개발했다.

이를 계기로 세계 곳곳의 과학자들은 척수 치료법을 연구했다. 미국의 연구진들은 슈반 세포를 사용하는 실험을 실시했다. 신경세포의 축색은 보조세포들로 구성된 막에 의해 감싸여 있다. 이러한 축색 주변의 막을 수초라 한다. 뇌나 척수의 바깥에 있는 축색의 경우 수초를 만드는 보조세포를 슈반 세포라 한다. 슈반 세포는 재생한다. 척수 바깥의 말초신경은 슈반 세포 덕분에 항상 스스로 치유하는 능력을 갖고 있다. 미국 과학자들은 슈반 세포를 분리하여 척수의 상처 부위로 이식시켰다. 슈반 세포가 상처를 가로지르는 다리 구실을 하면 성장하는 신경세포들끼리 다시 연결될 수 있을 것이기 때문이다.

물론 이러한 시도는 시작에 불과할 따름이다. 그러나 척수의 수수께끼가 이미 풀렸기 때문에 앞으로 20여 년의 시행착오를 거치면 완벽한 척수 치료법이 개발될 것으로 전망된다. 불가능의 영역에 있던 질병의 정복이 가시권에 들어온 것이다.

리브는 50회 생일을 맞아 다시 일어서는 기적을 보여주지는 못했다. 하지만 근육에 대한 전기 자극 등 재활 훈련 끝에 발가락을 움직일 수 있게 되었다는 소식이다. 그는 "이 가볍디 가벼운 감촉을 느낄 수 있는 것은 축복"이라고 말했다. 그가 환갑을 맞을 때쯤 다시 걷는 모습을 볼 수 있게 되길 바란다.

사이비과학을 믿는 사람 너무 많다

지난 4월 미국 국립과학재단(NSF)은 미국 대중의 과학에 관한 소양을 분석한 보고서를 발표했다. 가장 관심을 끄는 통계는 의사과학을 믿는 사람이 의외로 많다는 것이다.

의사과학은 텔레파시, 염력, 투시력과 같은 초감각적 지각(ESP)에서부터 미확인 비행물체(비행접시), 점성술, 피라미드 에너지에 이르기까지 현재의 과학법칙으로 설명이 불가능한 초자연적이고 신비스러운 현상에 관심을 갖기 때문에 사이비과학이라 불린다.

국립과학재단 보고서에 따르면, 미국 성인의 30%는 비행접시를 외계문명의 우주선이라 믿고 있으며 점성술을 과학적이라고 생각하는 사람도 40%나 된다. 특히 놀라운 것은 미국 성인의 60%가 초감각적 지각의 존재를 믿고 있다는 사실이다.

더욱이 대체의학을 인정하는 비율은 88%에 달한다. 미국에서는 한의학 등 동양의학이나 신앙요법, 명상요법, 최면요법, 향기요법, 동종요법 등을 대체의학으로 분류한다. 이 중에서 신앙, 명상, 최면을 이용하는 대체의학은 사이비과학의 냄새가 농후하다.

미국 성인들이 의사과학을 믿는 원인을 분석한 결과 학력과 별 관계가 없는 것으로 드러났다. 가령 초감각적 지각을 믿는 성인은 고등학교 졸업자의 65%, 대학 졸업자의 60%로 큰 차이가 없었으며, 대체의학 신봉자는 대학 졸업자의 92%나 되어 오히려 고등학교 졸업자의 89%를 앞지를 정도였다. 요컨대 학교에서 과학교육을 많이 받은 사람들이라고 해서 반드시 의사과학을 비판적으로 받아들이는 것은 아니라는 사실이 밝혀진 셈이다. 바꿔 말해서 머릿속에 아무리 많은 과학지식을 담고 있는 지식인일지라도 과학적 사고체계를 갖추지 않고 있으면 의사과학의 달콤한 유혹을 뿌리칠 수 없다는 것이다.

우리나라 역시 의사과학의 영향력에서 자유롭지 못하다. 텔레비전 화면에는 최면이나 유령 이야기가 끊임없이 소개되고, 지난해에는 비행접시를 믿는 종교집단인 라엘리안의 교주가 서울에 나타났을 때 40여 개 언론매체가 인터뷰를 하여 대서특필할 정도였다. 오늘날 젊은이들의 이공계 기피현상도 이러한 비과학적 사회풍토와 무관하다고 할 수 없을 터이다.

미국의 사례를 교훈 삼아 우리나라 과학문화운동의 방향을 제대로 정립해야 될 것 같다. 특히 국가예산을 지원받는 과학문화재난은 비록 공무원 출신들이 대대로 이사장 자리를 독차지하지만, 실적 위주의 행사 일변도로 과학지식을 홍보하는 데 급급하지 말고 과학적 사고가 확산되도록 분발해주기를 바란다.

유전자변형 농산물은 안전한가

유전자변형 농산물(GMO)의 안전성을 놓고 세계 곳곳에서 끊임없이 벌어지고 있는 논란에 결정적 영향을 끼칠 것으로 보이는 보고서가 발표되었다. 7월 하순 영국 정부가 내놓은 이 보고서로 유전자변형 농산물을 둘러싼 논쟁은 일단락될 전망이다.

GMO는 특정 유전자, 예컨대 제초제나 병충해에 강한 성질을 지닌 유전자를 인위적으로 이식시켜 만든 새로운 품종이다. 1996년 미국 몬산토 사는 유전자변형 콩, 스위스 노바티스 사는 유전자변형 옥수수의 씨앗 판매에 나섰다. 몬산토의 콩은 제초제에 강하며 노바티스의 옥수수는 병충해에 내성을 가진 작물이다.

GMO는 건강과 환경의 측면에서 심각한 문제를 제기했다. 먼저 GMO가 인체에 해롭다는 과학적 증거는 나타나지 않았지만, 알레르기 유발 등 부작용이 우려되었다. 특히 영국을 비롯한 유럽 소비자들은 근년에 광우병 파동, 벨기에산 육류에서 암 유발 물질인 다이옥신이 발견된 사건을 겪으면서 GMO의 안전성에 대해 신경질적인 반응을 보일 수밖에 없었다.

또한 GMO는 환경문제를 일으킬 가능성이 매우 높은 것으로 지적되었다. 가령 몬산토의 유전자변형 콩은 제초제에 강하기 때문에 제초제 사용량을 증가시켜 토양과 수질의 오염을 부채질할 수 있다. 게다가 제초제 내성 유전자가 잡초로 흘러 들어가면 제초제에 끄떡없는 슈퍼잡초가 생기게 된다. 슈퍼잡초는 물론 생태계를 교란시킬 것이다.

결국 GMO를 놓고 의견을 달리하는 두 진영으로 갈려 치열한 입씨름이 전개되었다. GMO의 주요 생산국인 미국은 GMO가 미래의 식량 문제를 해결해줄 유일한 대안이라고 주장한 반면, 유럽의 환경 및 시민단체들은 GMO를 하나의 재앙으로 받아들였다.

이런 상황에서 영국 정부가 내놓은 GMO 보고서는 비상한 관심을 끌었다. 이 보고서는 GMO의 찬성과 반대의 입장을 달리하는 24명의 과학자가 600개의 과학논문을 검토하고 작성한 것이다. 보고서는 GMO가 건강과 환경에 해롭지 않다는 결론을 내렸다.

GMO에 반대한 시민단체들은 이 보고서로 낙담이 클 것이다. 그러나 그들의 끈질긴 노력 덕분에 GMO가 사회적 쟁점이 되고 또 이러한 정부 차원의 보고서가 준비되었다는 사실에 자부심을 느낄 만도 하다. 이런 맥락에서 우리는 앞으로 개발될 GMO의 안전성에 대해서노 관심을 가져야 할 터이다.

달나라 토끼에게 선물 보낼까

한가위를 맞아 달나라의 토끼에게 선물을 보내고 싶어하는 어린이들의 꿈이 이루어질 날이 다가오고 있다. 오는 10월 달 표면까지 물건을 배달하는 우주선이 처음으로 발사될 예정이기 때문이다. 트레일블레이저라고 명명된 이 우주선은 미국의 트랜스오비탈 사가 달나라로 쏘아 올릴 계획이다.

트랜스오비탈은 미국 정부로부터 상업적 목적을 위해 달나라로 우주비행을 할 수 있는 권한을 부여받은 첫 번째 민간기업이다. 트레일블레이저는 달 표면에 50km까지 접근하여 약 90일 동안 달 주변을 돌면서 고해상도의 달 표면 사진을 찍게 된다. 이 사진으로 달 나라의 지도와 교육용 자료를 제작하여 판매할 것으로 알려지고 있다.

트레일블레이저의 화물칸에는 여러 종류의 물건이 실린다. 개인들이 돈을 내고 달 표면까지 운반해달라고 의뢰한 품목들이다. 명함, 개인적인 메시지, 보석류와 함께 사

람의 유골까지 배달된다. 트레일블레이저는 달 표면 사진을 찍은 뒤 달에 충돌하여 파괴된다. 이때 화물칸 안에 담겨 있는 물건들은 달 표면에 고스란히 남겨진다.

트랜스오비탈은 이 사업을 위하여 러시아의 한 회사와 2,000만 달러짜리 계약을 맺었다. 이 러시아 회사는 옛 소련 정부가 제작했으나 이제는 사용하지 않고 있는 탄도미사일을 상업적인 우주비행에 사용할 수 있도록 허가받은 민간기업이다. 그러니까 미국 회사가 한때 미국을 겨냥한 소련의 미사일을 사용하여 우주선을 발사하는 흥미로운 일이 벌어지게 된 것이다.

1969년 7월 20일, 닐 암스트롱이 탄 아폴로 11호가 마침내 달 착륙에 성공했다. 그 후로 여러 차례 우주 비행사들이 달 표면에 내려 탐사 작업을 펼쳤으나 1972년 12월 아폴로 17호의 우주 비행사 3명이 지구로 귀환한 뒤부터는 달 정복에 대한 열기가 사라졌다. 이런 상황에서 트랜스오비탈의 무인우주선 트레일블레이저 발사는 달 탐사에 대한 관심을 불러일으키고 있다.

인류가 달나라에 가려고 하는 가장 중요한 이유는 헬륨 3처럼 지구에는 희귀한 지하자원이 풍부하기 때문이다. 전문가들은 2015년쯤 달에 사람이 거주하면서 달의 광물자원으로 물건을 만드는 우주공장을 세우게 될 것으로 전망한다. 10여 년 뒤 과학기술자가 되어 달에 가고 싶은 어린이라면 이 참에 미리 쪽지를 보내두면 어떨까.

약으로 기억력을 높이면 행복할까

정상적인 사람들은 30년 전 수학여행 다녀온 일을 기억하지만, 나이가 들면서 30분 전 자동차 열쇠를 놓아둔 장소조차 망각하곤 한다. 기억력 감퇴는 노화에 따른 불가피한 현상이긴 하지만 건망증이 심한 경우 사회생활을 제대로 꾸려나가기 어렵다.

50대에 접어들며 찾아오는 가벼운 건망증부터 대소변을 가리지 못하는 알츠하이머병까지 기억력을 회복시키는 약품의 시장은 엄청나게 규모가 크다. 은행잎 추출물이 미국에서 해마다 10억 달러어치가 팔릴 정도이다. 푸른 은행 이파리의 추출물은 기억력 향상 효과가 별로 없는 것으로 밝혀졌지만 인기가 수그러들지 않고 있다.

제약회사들은 기억력을 증대시켜 인지 능력을 끌어올리는 이른바 스마트 약 개발에 뛰어들기 시작했다. 알츠하이머병 치료제에서 인지 능력을 향상시키는 약까지 몇몇 제품이 이미 판매되고 있다. 세팔론 사의 모다피닐(Modafinil)은 대표적인 스마트 약이다.

1998년 12월 미국 식품의약국의 승인을 받은 모다피닐은 낮에 졸음이 와서 못 견디는 증세의 치료제이다. 이러한 기면 상태로 고통받는 사람은 밤과 낮이 바뀐 공장 노동자들이나 화물차 운전자들이다.

또한 모다피닐은 야간 작전으로 수면이 모자란 미국 군인들에게 제공될 것으로 예상된다. 특히 공군은 모다피닐이 과로에 지친 전투기 조종사들의 인지 능력을 향상시켜줄 것으로 기대하고 있다.

모다피닐처럼 스마트 약이 기억력 감퇴로 시달리는 환자의 치료에 머물지 않고 건강한 사람의 기억력을 향상시키는 쪽으로 사용될 가능성이 높아짐에 따라 윤리적 문제가 제기되기 시작했다.

더욱이 메모리 파머슈티컬스 등 몇몇 제약회사들은 순전히 기억력 증진을 겨냥하는 신약을 개발하고 있어 스마트 약의 윤리 논쟁은 가열될 전망이다.

누구나 스마트 약을 먹고 기억력이 향상된다면 어떤 일들이 벌어질까. 아마도 결코 행복한 사회가 될 것 같지는 않다. 왜냐하면 비상한 기억력이 반드시 좋은 것만은 아니기 때문이다. 불쾌하고 부끄러운 과거를 미주알고주알 기억하고 있으면 머리가 터질 것 같아 하루도 마음 편할 날이 없을 것이다.

사람이 늙어가면서 기억력이 떨어지는 것은 자연의 순리이다. 사람 뇌의 망각 능력은 인류가 생존을 위해 진화시킨 지혜의 산물이 아닐는지.

뉴턴 신화의 그늘

영국 역사상 가장 위대한 인물로 아이작 뉴턴(1642~1727)이 꼽혔다. 지난 8월 영국 BBC방송이 해외시청자들을 대상으로 실시한 투표 결과 뉴턴이 윈스턴 처칠을 누르고 1위를 차지한 것이다.

뉴턴이 성취한 과학적 업적은 거대하다. 먼저 이론가로서 미적분학을 독자적으로 개발했으며, 그의 저서 『자연철학의 수학적 원리(프린키피아)』는 역학의 확고한 기반을 다졌다. 그의 세 가지 운동법칙과 만유인력의 법칙은 혁명적인 과학 발전의 토대를 마련했다.

또한 실험가로서 뉴턴은 연금술에 심취했고, 광학 분야에서도 괄목할 만한 업적을 이룩했다. 한때 왕립조폐국장을 지내면서 범죄 감식가로서 화폐 위조범을 효율적으로 찾아내곤 했다.

이처럼 뉴턴은 알베르트 아인슈타인(1879~1955) 이전에 어느 누구도 해내지 못한 방법으로 자연에 감추어진 진실을 밝혀냈다. 따라서 그가 하는 말은 무엇이건 절대적인 진리처럼 받아들여졌으며 그가 살아 있을 때부터 그를 신격화하는 작업이 진행되었다. 대부분의 전기작가들은 뉴턴을 칭송하기에 바빴으며 뉴턴의 일생은 근면, 인내, 겸손, 자비, 절제와 같은 단어로 묘사되었다.

과학에 깊은 관심이 없는 사람들일지라도 뉴턴의 위대성을 이 정도

는 알고 있다. 하지만 그가 변덕쟁이에다 성격적 결함을 지닌 천재였다는 사실을 아는 사람은 별로 없는 것 같다. 뉴턴은 순간순간 화를 잘 내고, 어떤 반대에도 병적으로 신경과민이 되는 편협한 인물이었다. 특히 다른 사람의 학문적 성취에 대해 적대적 대응을 마다하지 않을 정도로 독단적이고 비열하였다.

뉴턴은 비슷한 시기에 미적분을 발견한 독일의 라이프니츠(1646~1716)와 누가 먼저 발견했느냐는 문제를 놓고 30년 동안 격렬한 논쟁을 벌였다.

최초의 영국 왕립천문학자인 존 플램스티드(1646~1719)에 대해 뉴턴이 보여준 태도는 비열하기 짝이 없다. 뉴턴은 『프린키피아』를 집필할 때 플램스티드의 달에 관한 천문관측 자료에 크게 의존했다. 그러나 뉴턴은 플램스티드의 업적을 철저하게 깔아뭉갰다.

오늘날 뉴턴의 신화는 그의 폭군적 성격과 옹졸한 삶의 단면을 역사의 기록에서 은폐하려는 신격화 작업과 무관하지 않은 것만은 분명한 것 같다. 어쨌든 존경할 만한 과학자를 둔 영국인들이 부럽다.

참고자료 | 『독재자 뉴턴』 데이비드 클라크 외 지음, 몸과마음 펴냄
『과학의 미래』 모리스 고란 지음, 삼성미술문화재단 펴냄

10월의 과학나라

사람의 마음은 적응의 산물이다

사람의 마음과 행동의 연구에 찰스 다윈의 진화론을 적용하려는 학제간 연구가 활발하다. 이를테면 진화생물학을 의학에 응용하려는 다윈 의학, 진화적 관점에서 경제현상을 분석하는 진화경제학, 진화론을 형이상학에 접목시키는 진화론적 인식론, 인간의 도덕성을 진화의 산물로 간주하는 진화윤리학, 사람의 마음을 진화론에 의해 설명하는 진화심리학이 주목의 대상이다.

진화론의 중심개념은 자연선택이다. 자연선택 이론은 적자생존으로 규정된다. 적자는 생존경쟁에서 승리하여 그들의 형질을 자신의 집단 속으로 퍼뜨리고, 부적자는 도태되는 것이 자연선택이다. 생물이 자신의 집단 안에서 경쟁하는 다른 개체보다 생존 가능성이 높은 자손을 더 많이 생산하기 위해서는 환경에 적응하는 능력을 갖지 않으면 안 된다. 생물학에서 적응이란 자연선

택이 오랜 세월 지속적으로 작용하여 생물의 기능 중에서 효과적인 부분만을 선택하여 진화시키는 것을 의미한다. 요컨대 자연선택에 의한 적응은 생존을 위하여 유리하게 설계된 생물의 기능을 차등적으로 보전함으로써 끊임없이 변화하는 국지적 환경을 따라잡는 과정이다.

사람의 마음을 이러한 적응의 산물로 간주하는 학문이 진화심리학이다. 말하자면 진화생물학과 인지심리학이 결합된 학제간 연구이다.

진화심리학으로 괄목할 만한 연구성과를 세운 대표적인 인물은 매사추세츠 공대의 스티븐 핀커 교수이다. 1994년 펴낸『언어본능』으로 명성을 얻은 그는 "언어는 인간의 본능"이라고 주장한다. 언어는 인류 역사의 어느 시점에 발명된 문화의 산물이 아니라 언어 역시 다른 신체기관처럼 자연선택의 산물이라고 주장한 것이다.

진화심리학은 기본적으로 모든 인간의 마음이 보편적인 특성을 공유하고 있다고 전제한다. 그러나 한 가지 결정적인 예외는 불가피하게 인정하고 있다. 진화심리학자들은 남녀의 성 역할이 다르기 때문에 자연선택이 남녀의 마음을 다르게 구성했다고 주장한다. 이러한 접근방법으로 짝짓기에서 여성미에 이르기까지 다양한 연구 결과가 쏟아져 나오고 있다. 가령 여성미는 페미니스트들의 주장처럼 결코 남성을 위하여 만들어진 사회적 구성물일 수 없으며, 여성 자신의 짝짓기 경쟁을 위하여 진화된 적응의 산물이라는 것이다.

진화심리학자들은 사회생물학의 한 분파로 격하시키는 견해를 가장 혐오한다. 사회생물학은 사회적 행동의 설명에 있어 마음의 역할을 배제하기 때문이다.

참고자료 | 연간 《과학과 사회》 김영사 펴냄 · 『언어본능』, 스티븐 핀커 지음,
그린비 펴냄 · 『욕망의 진화』, 데이빗 부스 지음, 백년도서 펴냄   10월의 과학나라

곡물 노리는 생물무기

생물무기가 사람을 대량으로 살상할 수 있다는 사실은 널리 알려진 반면에 농산물을 대규모로 파괴하는 능력을 갖고 있다는 점은 거의 주목을 받지 못하고 있다. 그러나 곡물에 질병을 일으키는 생물무기는 오래전부터 전쟁용으로 연구되었으며 최근에는 테러용으로 그 쓰임새가 확대될 전망이다.

농산물 손상용 생물무기의 잠재력은 자연적으로 발생한 곡물 질병의 피해 사례로부터 미루어 짐작할 수 있다.

먼저 인명파괴 측면에서 곡물 질병은 여느 살상무기 못지않다. 1845년 아일랜드에서 감자의 엽고병(잎마름병)으로 기근이 일어나 100만 명이 죽고 100만 명이 나라를 떠났다. 감자나 토마토가 엽고병에 걸리면 잎에 반점이 생긴 뒤 그 부분이 가는 털처럼 된다. 1942년 인도의 벵골에서는 쌀의 질병으로 200만 명 이상이 굶어 죽었다.

곡물 질병에 의한 경제적 손실 역시 만만치 않다. 1970년 미국 남부에서 엽고병으로 10억 달러 상당의 곡물이 말라 죽었다.

이처럼 곡물 질병의 파괴력이 엄청나기 때문에 강대국들이 무기로 개발하려는 유혹을 쉽게 떨쳐버릴 수 없었다. 주요 개발 대상은 흑수병(깜부기병)과 녹병의 세균이다. 흑수병은 곡식의 이삭이 흑수균에 의해 검게 되어 깜부기가 되는 병이다. 흑수균은 벼나 고등식물의 체내에 기생하며 세포의 양분을 흡수한다. 녹병은 식물의 잎이나 줄기에 갈색의 가루가 덩어리로 생기는 질병이다. 이러한 생물무기의 개발은 2차 세계대전 중에 영국, 독일, 일본, 미국이 주도

했다. 미국이 1940년대부터 1969년 닉슨 대통령이 개발 중단을 선언할 때까지 개발한 곡물 질병 무기는 소련 우크라이나 곡창지대의 밀(소맥)과 중국 평야의 쌀을 겨냥한 녹병균이었다. 또한 걸프전을 치르며 이라크가 깜부기 병균을 무기로 개발한 것으로 알려졌다. 이란의 가장 중요한 곡물인 밀을 파괴할 계획이었다고 한다.

생명공학의 발달로 이러한 생물무기의 개발이 용이해짐에 따라 테러리스트들의 수중에 이미 들어갔을지 모른다는 우려의 목소리가 높다. 먹거리에 세균이 침투했다는 소문이 나돌 때 어느 나라이건 큰 혼란에 빠질 것이다. 정치적 목적을 가진 테러리스트들이 노리는 것은 사회 불안이므로 곡물을 겨냥한 테러 무기에 무관심할 까닭이 없다. 한편 세계 곡물 수출 시장의 경쟁자끼리 상대방을 거꾸러뜨리기 위해 곡물 질병 무기로 테러를 시도할지 모른다는 이야기도 나오고 있다.

참고자료 | 생물무기 관련자료 사이트 www.scisoc.org/feature
곡물 질병 관련 자료 사이트 www.fas.org/bwc

가난한 나라에 더 필요한 기술

　　　　골동품 가게에서 가끔 제트(Z)자 꼴로 굽은 크랭크를 돌려 시동을 걸던 축음기를 볼 수 있다. 초기의 자동차도 물론 크랭크로 발동을 걸었다. 그러나 오늘날 장난감조차 태엽장치로 움직이는 것은 드물다. 기술은 항상 낡은 것을 새로운 것으로 바꿔치기하면서 발전해왔다. 말하자면 기술은 속성상 퇴보를 용납하지 않는다.

　그런데 태엽장치 기술이 다시 부활하여 전자장치에 작은 혁명을 일으키고 있다. 라디오에서 휴대전화와 컴퓨터에 이르기까지 크랭크로 전력이 공급되는 제품이 개발되고 있는 것이다. 콘센트나 전지를 사용하지 않고 사람의 손으로 전류를 발생시키는 참으로 원시적인 기술이 적용된 최초의 전자장치는 라디오이다.

　10년 전 한 영국의 발명가는 전력공급도 원활치 못하고 전지 살 돈도 없는 아프리카 사람들을 위해 크랭크로 전기를 조달하는 라디오를 고안했다. 원리는 단순하다. 크랭크로 강철 스프링을 뚤뚤 감는다. 스프링이 풀리면서 전동장치(기어)가 발전기를 구동하면 라디오에 동력을 공급하는 전기가 발생한다. 이 라디오 덕분에 아프리카 사람들은 에이즈 퇴치 방법이나 일기예보에 관한 방송을 청취할 수 있게 되었다. 특히 2000년의 대홍수 이후 이 라디오의 제작회사인 프리플레이

에너지는 모잠비크의 가난한 사람들에게 7천여 대의 라디오를 기증하여 건강과 위생, 지뢰 매설 위치, 이산가족에 관한 정규방송을 들을 수 있게 배려했다.

크랭크 사용 라디오는 선진국에서도 인기를 끌고 있다. 1996년 이후 프리플레이는 서구에서 100만 대 이상을 판매했다. 정원에서 일할 때나 야영을 할 때 쓰임새가 좋고 욕실이나 헛간에 비치하는 것으로 알려졌다. 소니나 필립스 등 세계 유수의 전자업체들도 이러한 라디오를 생산하고 있다. 이들은 이미 크랭크를 사용하는 회중전등을 내놓았으며, 시디(CD) 플레이어, 휴대전화, 컴퓨터를 개발 중이다. 휴대전화용 수동 충전기는 올해 말에 출시될 전망이다.

프리플레이 에너지가 개발하고 모토로라가 판매할 손바닥 크기의 크랭크 충전기는 30초간 손으로 감으면 6분간의 통화시간을 보장한다. 휴대전화를 충전시키기 못한 경우에 자신의 불찰을 탓하거나 당황할 필요가 전혀 없게 되는 것이다. 그러니 이리한 제품들은 모두 선진국 고객을 겨냥하고 있다는 데 문제가 있다. 개발도상국의 20억 인구는 크랭크 사용 전자제품을 구매할 경제력이 없다. 크랭크 기술조차 가난한 사람들을 외면하게 된다면 서글픈 일이 아닐 수 없다.

냄새로 지뢰 탐지한다

한반도를 비롯하여 아프가니스탄, 보스니아, 베트남 등 전쟁의 상처가 아물지 않은 세계 60여 개 국가의 땅 밑에는 대인 살상용 지뢰가 1억 1,000만 개가량 묻혀 있는 것으로 추정된다. 지뢰가 가장 많이 매설된 지역의 하나로 손꼽히는 우리나라의 비무장지대에는 100만 개 정도가 있는 것으로 짐작된다.

지뢰를 탐지하는 기술은 개나 쥐 따위의 후각능력을 활용하는 방법에서부터 전자코를 동원하는 방법까지 다양하다. 대부분의 동물에게 후각은 생존에 필수적인 본능으로 진화되었다. 가장 예민한 후각을 가진 동물은 개나 다람쥐처럼 냄새분자가 가라앉은 땅에 코를 바짝 댄 채 기어다니는 짐승이다. 경찰견은 사람이 몇 시간 전에 다녀간 방에서 그 사람의 체취를 맡는다. 다람쥐는 냄새로 몇 달 전에 묻어둔 도토리를 찾아낸다.

지뢰 탐지에 제일 먼저 동원된 동물은 폭발물 탐지 훈련을 받은 개들이다. 최근에는 벨기에 과학자들이 아프리카의 주머니쥐를 지뢰 탐지에 활용하는 실험에 성공했다. 개와 달리 주머니쥐는 유리한 점이 한두 가지가 아니다. 먼저 주머니쥐는 코에서 꼬리까지 25cm가 될 만큼 몸집이 크지만 몸무게가 워낙 가벼워 지뢰를 밟더라도 폭파될 염려가 없다. 또한 주머니쥐는 개보다 학습 속도가 빠르다. 개와 달리 주머니쥐는 특별히 보살피지 않아도 된다. 게다가 주머니쥐는 먹이고 재우는 비용이 개보다 훨씬 적게 든다. 한 가지 약점이 있다면 주머니쥐가 야행성이므로 낮에 지뢰 탐지에 내보낼 경우 일사병에 걸릴 가능성이 높다는 것이다.

벨기에 과학자들은 2년간의 실험실 훈련을 거친 주머니쥐들을 탄자니아와 앙골라의 지뢰밭에 투입하고 현장실험을 거듭했다. 2003년부터는 잘 훈련된 주머니쥐들이 지뢰 탐지에 동원될 것 같다.

지뢰 탐지는 냄새 맡는 장치인 전자코를 개발하는 기업이 놓칠 수 없는 황금시장이 아닐 수 없다. 전자코는 코의 후각세포에 해당하는 센서와 뇌의 후각피질 역할을 하는 컴퓨터로 구성된다. 전자코는 식품, 의료, 환경, 안전 분야에서 크게 활용될 전망이다.

1997년 미국 국방부는 '개코 프로그램'에 착수했다. 2,500만 달러가 투입된 이 프로젝트의 목적은 개의 코처럼 후각기능이 뛰어난 전자코를 개발하는 데 있다. 그 결과물의 하나가 피도(Fido)라 불리는 전자코이다. 미국 노매딕스 사가 올해 말 출시할 예정인 피도는 지뢰의 냄새를 맡을 수 있는 최초의 인공 코인 셈이다.

키 크면 싱겁다는데

우리 속담에 '키 크고 싱겁지 않은 사람 없다' 는 말이 있다. 키 큰 사람의 행동은 멋이 없어 보인다는 뜻이다. 키 작은 남자들이 많은 사회가 아니면 환영받기 어려운 속담인 것 같다. 왜냐하면 인류의 거의 모든 문화권에서 여성들이 키 큰 남자를 선호하는 것으로 밝혀졌기 때문이다. 여류 인류학자인 바바라 스머츠는 인류의 진화 과정에서 신체적인 보호가 남성이 여성에게 제공해줄 수 있는 가장 중요한 자질의 하나였기 때문에 키 큰 남자들이 여성들에게 인기가 높았다고 분석한다.

키 큰 남자가 단지 키가 크다는 이유 하나만으로 얻을 수 있었던 이득은 적지 않은 것 같다. 서구 문화에서는 큰 남자들이 돈을 더 많이 버는 것으로 알려졌다. 최근 미국 펜실베이니아 대학의 경제학자들은 백인 남자의 신장과 그들이 받는 임금 사이에 관계가 있다는 결론을 내렸다.

키가 1인치(2.5cm) 더 크면 임금을 받을 때 영국에서는 1.7%, 미국에서는 1.8% 더 받는 것으로 나타났기 때문이다. 두 나라에서 신장으로 구분할 때 전체 인구의 하위 25%는 상위 25%보다 10% 정도 소득이 적었다. 이러한 차이는 물론 인종과 성별이 소득에 끼치는 영향보다 크지는 않지만 무시할 만한 성질의 것은 아닌 것 같다. 미국에서 백인은 다른 인종보다 15%, 남성은 여성보다 20%가량 소득이 더 많다.

펜실베이니아 대학의 경제학자들은 나이에 따른 신장과 소득의 상관관계를 알아보기 위해 7살, 11살, 16살, 어른이 되었을 때 각각의 신장에 대하여 분석한 결과 16살 때의 키가 소득에 끼치는 영향이 가장 크다는 사실을 밝혀냈다.

그 원인은 불분명하지만 16살 때 키가 작은 아이들은 키 큰 친구들보다 단체 활동에 소극적이므로 사회적 재능이 발달하지 못하여 결국 성인이 되어서도 일터에서 뒤처져 임금을 적게 받게 된 것인지 모른다. 요컨대 사춘기 시절의 소외감이 미래의 소득에 부정적 영향을 끼친 가능성이 높다는 뜻이다.

키 큰 남자는 사회적 지위를 획득할 때 유리한 것으로 보인다. 미국 대통령이 좋은 사례이다. 선거에서 당선자를 맞히는 가장 손쉬운 방법은 입후보자의 키를 비교해보는 것이라는 말이 있을 정도이다. 조지 워싱턴, 에이브러햄 링컨, 빌 클린턴 등 대부분 장신이다. 극히 보기 드문 예외는 현 대통령인 조지 부시이다.

올 대선을 앞두고 나선 유력 후보들 중 두 분은 키가 작고 두 분은 키가 크다. 키가 당락에 영향을 끼칠지 궁금하다.

음악과 미술로 질병 치료한다

세계에서 가장 큰 실내 조각작품은 강철로 만든 높이 18m의 애크러뱃(Acrobat)이다. 설치된 장소는 뜻밖에도 미술관이 아니라 병원이다. 영국 런던의 이 병원에서 10만 파운드짜리 조각을 설치한 까닭은 예술작품이 환자의 치료에 크게 효과가 있다고 판단했기 때문이다. 이 병원에서는 고전음악에서 재즈까지 다양한 음악소리가 들리고 하얀 벽은 온통 그림으로 채워져 있다.

음악과 미술이 환자의 신체적, 심리적, 정신적 기능을 향상시켜준다는 생각은 새로운 것이 아니다. 가령 1860년 플로렌스 나이팅게일은 간호일지에 환자들이 밝은 색의 꽃과 그림을 보면 회복 속도가 빨라진다고 적었다. 그러나 음악을 듣거나 그림을 본 환자가 빨리 회복되는 이유는 아직까지 과학적으로 설명되지 않고 있다.

음악요법의 경우, 19세기 말부터 음악이 심장박동, 호흡, 혈압 등의 생리과정에 끼치는 영향이 연구되었다. 2002년 오스트레일리아의 의료진들은 초창기의 19개 연구를 재분석하고 음악이 환자의 불안증을 경감시키는 경제적이고 효과적인 방법이라고 결론을 내렸다. 특히 음악은 혈압을 낮추고 진통제 사용을 줄일 수 있는 것으로 밝혀졌다.

미술요법은 환자의 정서장애를 해결하거나 자의식을 고취시킬 필요가 있을 때 주로 활용된다. 1969년 미국미술요법협회가 창립되면서부터 전문화되었으며 1984년 설립된 미국병원예술재단은 2002년 7월 현재 우리나라를 포함하여 165개국의 500여 개 병원을 순회하며 2만 점 이상의 그림을 그려주었다. 지난 여름 우리나라

를 찾은 이 재단 관계자들은 어린이 백혈병 환자와 함께 대형 조각그림을 완성하는 행사를 주최했다.

음악과 미술이 환자에게 주는 영향을 연구하는 과학자들은 두 요법 모두 우울증이나 불안증 치료에 효과적임을 거듭해서 확인하고 있지만 그 이유는 여전히 밝혀내지 못한 상태이다. 가장 그럴 법한 설명은 플라시보 효과이다. 플라시보, 곧 위약(僞藥)은 환자를 안심시키기 위해 주는 가짜 약을 의미한다.

위약의 투여에 의한 심리효과로 환자의 용태가 실제로 호전되는 현상을 플라시보 효과라 이른다. 플라시보 효과는 인체가 스스로 치유하는 능력을 보유하고 있음을 보여주는 좋은 사례이다. 요컨대 몸의 자연치유력은 마음과 깊은 관계가 있는 것이다.

음악요법과 미술요법은 대체의학으로 분류되지만 환자들에게 유익한 것만은 분명하다. 우리나라 병원에서 환자들이 마음껏 그림과 음악을 감상할 수 있게 되길 바란다.

연료전지 자동차 개발 경쟁

지난 13일 폐막된 '2002 파리 모터쇼'에서 미국의 제너럴 모터스는 오토노미(AUTOnomy) 개념을 적용하여 제작한 첫 번째 자동차 원형인 하이와이어(Hy-wire)를 전시했다. 1월 초 디트로이트 모터쇼에서 처음 선보인 오토노미는 연료전지를 사용한 환경친화적인 자동차를 설계하는 기본 개념이다.

연료전지는 수소를 연료로 공급하면 전기와 열이 생산되는 장치이다. 연료전지는 양극과 음극으로 구성되며 양극에서는 산소가, 음극에서는 수소가 공급된다. 음극에서 수소는 전자와 양성자로 분리되는데, 이 전자가 회로를 흐르면서 전류를 발생시킨다. 양극에서는 산소와 만나 물을 생성한다. 연료전지의 유일한 배출물질은 물이기 때문에 무공해 에너지를 생산하는 셈이다.

제너럴 모터스를 비롯해 다임러 크라이슬러, 포드, 혼다, 도요타 등 주요 자동차 회사들은 연료전지를 사용하는 자동차 개발을 서두르고 있다. 제너럴 모터스는 오토노미 개념 연구에 수억 달러를 투입했으며 혼다와 도요타는 일본 정부로부터 막대한 지원을 받고 있다.

연료전지 자동차에 기대를 거는 이유는 자명하다. 자동차 보유 대수는 갈수록 늘어나지만 석유 매장량은 얼마 남아 있지 않기 때문이다.

2002년 자동차 보유자는 세계인구의 12%이지만 20년 뒤인 2020년에는 15%가 될 전망이다. 다시 말해 2002년에는 세계인구 60억 명이 약 7억 대의 자동차를 사용하지만 2020년에는 75억 명이 11억 대 가량을 보유하게 될 것 같다.

석유를 사용하는 자동차 수량의 급증은 석유자원의 고갈을 앞당기고 지구 온난화를 촉진시킬 것이기 때문에 연료전지 자동차는 매력적인 대안이 될 수밖에 없는 것이다. 그러나 연료전지 자동차가 대량생산되기 전에 극복해야 할 문제가 적지 않다.

먼저 가격이 오늘날의 자동차에 견주어 100배 정도 비싸다. 게다가 수소연료를 자동차에 안전하게 저장시키는 문제가 있다. 수소는 기체이고, 공기와 혼합되면 폭발할 수 있기 때문이다. 이러한 문제들은 2010년쯤이면 해결될 것으로 예상된다. 따라서 2010년대에는 연료전지 자동차가 고속도로를 누비는 광경이 일상화될 것 같다.

연료전지는 자동차뿐만 아니라 어선에도 사용될 수 있다. 가령 아이슬란드는 모든 어선에 연료전지를 채택할 계획임을 밝히고, 한 걸음 더 나아가 2020년까지 국가의 모든 에너지를 전적으로 수소에 의존하는 사회체제로 탈바꿈시키겠다고 천명했다. 이른바 '수소경제'를 실현시킨다는 것이다.

뉴로빅스로 뇌의 건강 지킨다

　　나이가 들면 관절이 삐걱거리고 기억이 희미해진
다. 일부 불운한 노인들은 뇌졸중, 파킨슨병, 알츠하이머병과 같은 퇴
행성 질환의 제물이 된다. 특히 노인성 치매인 알츠하이머병을 앓는
환자들은 모든 종류의 기억 능력을 상실하고 대소변까지 가리지 못하
여 죽는 날까지 가족을 고통 속으로 몰아넣는다.

　　알츠하이머병을 치유하는 신약 개발이 소기의 성과를 거두지 못하
고 있는 상황에서 미국의 신경생물학자인 로렌스 카츠 등 일부 학자들
은 중년에 뉴로빅스(neurobics)를 하면 이 질병의 예방에 도
움이 된다고 주장하여 논란을 불러일으켰다.

　　뉴로빅스는 '신경(뉴로)'과 '에어로빅스'를 합쳐 만든 낱
말이다. 에어로빅스로 신체 건강을 유지하는
것처럼 정신운동으로 뇌의 건강을 지킬
수 있다는 뜻이 담긴 신조어이다. 뉴로
빅스 이론가들은 마음의 운동을 통
해 뇌세포 사이의 연결을 유연하
게 유지하면 중년 이후에 기억 능
력을 향상시킬 수 있으므로 노인

성 치매에 걸릴 확률을 낮출 수 있다고 주장한다. 뉴로빅스 이론은 한 마디로 "뇌를 써라. 그러지 않으면 뇌를 잃게 될 것이다"라고 요약된다.

1999년 카츠 교수가 펴낸 뉴로빅스 저서를 보면 누구나 힘들이지 않고 이른바 정신운동을 할 수 있다. 이를테면 책을 거꾸로 읽거나, 다른 손으로 양치질을 한다. 눈을 감고 방 안에서 걷거나, 음악에 심취한 상태에서 향수 냄새를 맡는다. 카츠 교수는 일상적으로 반복하던 행동과 다른 것이면 무엇이든지 뇌에 활력을 불어넣을 수 있다고 주장한다. 카츠는 뉴로빅스의 목적이 뇌의 잠재능력을 최대한 활용하는 데 있다고 보는 반면에 일부 낙관론자들은 뉴로빅스로 지능을 끌어올릴 수 있다고 믿고 있다. 이들은 어린아이들의 학습능력을 향상시키는 뉴로빅스 소프트웨어 개발에 나섰다.

뉴로빅스 지지자들은 사람과 동물의 뇌 연구 결과를 과학적 근거로 제시하지만 정신운동의 효용성에 의문을 제기하는 학자들이 많다. 가령 뉴로빅스 이론가들은 쥐의 실험을 통해 낯설고 다양한 자극을 받은 쥐의 뇌가 더 발달된다고 주장하지만 곧바로 사람이 단조로운 생활을 영위한다고 해서 지능지수가 떨어지는 것은 아니라는 반론에 직면한다.

어쨌든 뉴로빅스의 과학적 타당성과는 별개로 몇몇 세계적인 기업에서는 직원들에게 정신운동을 시행하고 있다. 뉴로빅스는 머리를 좋게 해준다는 예전의 기법들이 연기처럼 사라진 것과는 달리 생명력이 있을 것으로 평가된다.

쓰나미는 저승사자인가

지난 9월 태풍 매미가 몰고온 해일이 한반도 남단을 덮쳐 수많은 사람들이 애꿏게 목숨과 재산을 앗겼다.

해일은 바다의 폭풍뿐만 아니라 지진 따위에 의해서도 일어난다. 바다 밑의 지진, 화산 폭발 또는 사태에 의해 갑자기 발생하는 지진해일은 일본어를 사용해 쓰나미라고 부른다.

지진해일은 1990년 이후 세계적으로 82건이 보고되었다. 이 중에서 규모가 큰 10개에 의해 목숨을 잃은 사람은 4,000명을 웃돈다.

최대의 인명 피해를 기록한 지진해일은 1998년 7월 17일 저녁 평화스러운 파푸아뉴기니의 해안을 강습한 것이다. 리히터 규모 7.1의 지진으로 발생한 높이 15m의 파도가 이 섬나라를 유린하여 무려 2,200명이 물귀신이 되었다.

지진해일로부터 인명 피해를 줄이는 최선의 방법은 해일의 발생을 사전에 탐지하여 주민들을 피난시키는 것이다. 그러나 아직까지 효과적으로 지진해일 발생을 예측하는 기술이 개발되지 않았기 때문에 태평양 연안에 사는 사람들에게 그것은 공포의 대상일 수밖에 없다.

물론 지진계를 이용하여 해일을 일으키는 지진을 관측할 수는 있지만 해일 자체를 탐지하는 데는 한계가 있다. 1950년대 이후 지진계로 해일 발생 경보가 내려져 주민들이 대피한 사건 중에서 75%가 착오였을 정도이다. 이러한 경보 착오의 대가도 만만치 않다. 1986년 5월 하와이 호놀룰루에서 잘못된 경보로 주민이 피난 가면서 입은 경제적 손실은 3,000만 달러에 이른다.

이러한 상황에서 일본과 미국은 지진해일을 탐지하는 장치의 개발에 나섰다. 일본은 지진해일이 바다 밑을 지나갈 때 압력의 변화를 측정하는 장치를 만들었다. 이 장치는 해저 케이블에 의해 일본 본토로 연결되므로 50km 이상의 거리에는 설치가 불가능하다. 한편 미국의 해양대기국(NOAA)은 해저 케이블 대신 인공위성을 이용하는 장치를 개발했다.

하지만 지진해일과 같은 자연의 위협으로부터 피해를 극소화하려면 무엇보다 기술이 능사라는 생각을 버리지 않으면 안 될 것이다. 왜냐하면 첨단장치보다 주민들의 상식과 판단이 재앙을 예방하는 데 더 효과적이기 때문이다.

파푸아뉴기니 사건 직후 전문가들이 남태평양의 바누아투 군도에 급파되었다. 그들은 섬 주민들에게 지진해일의 화면을 보여주었다. 1999년 지진해일이 바누아투를 덮쳤을 때 죽은 사람은 다섯 명에 불과했다. 자연재해에 대한 대중 계몽의 중요성을 일깨워준 사례이다.

수음 자주 하면 전립선암에 덜 걸린다

인간의 성행동 중에서 동성애 못지않게 시대에 따라 사회적 인식이 바뀐 것은 수음이다.

옛 중국인들은 정액을 생명의 원천으로 중시했기 때문에 양기를 낭비하는 수음은 금기시되었다. 중세 유럽의 기독교는 수음을 남색에 가까운 죄악으로 여기고, 참회의 벌로 다스렸다.

수음은 스위스 의사인 사무엘 티소(1728~1787)에 의해 질병으로 간주되었다. 그는 1온스의 정액 낭비가 40온스 이상의 혈액 손실과 맞먹는다고 주장하고 코피 출혈에서 정신병까지 만병의 근원이라고 주장했다.

티소의 저서가 전세계적으로 선풍을 일으킴에 따라 19세기 의학 전문가들은 자위 욕망을 억제하는 신체적 속박 수단과 식품을 개발했다. 오늘날까지 남아 있는 대표적인 식품은 옥수수를 으깨어 말린 콘플레이크이다. 아침 식사로 콘플레이크를 먹으면서도, 정신병원 책임자가 수음하는 환자를 치료하기 위해 발명한 식품이라는 사실을 아는 미국인들은 별로 없을 것 같다. 또한 신체를 피곤하게 만들어 성욕을 감퇴시킬 목적으로 청소년에게 축구를 권장했는데, 그것이 영국을 축구 강국으로 키운 이유의 하나로 알려졌다.

티소의 이론은 20세기 초까지 성과학에 지대한 영향을 끼쳤다. 성과학의 아버지로 불리는 리하르트 폰 크라프트 에빙(1840~1902)은 티소의 주장을 액면 그대로 받아들였다. 마그누스 히르쉬펠트(1868~1935)는 자위를 방지하기 위해 남자는 거세, 여자는 음핵 제거 수술을 권유했다. 지그문트 프로이트(1856~1939)는 신경쇠약의 원인으로 자위행위를 꼽았다.

수음을 온갖 질병의 원인으로 간주한 의학계의 고정관념을 결정적으로 뒤엎은 것은 알프레드 킨제이(1894~1956)가 펴낸 보고서이다. 미국의 경우 남자는 92%, 여자는 62%가 한 번 이상 자위행위를 즐긴 것으로 밝혀졌다. 이를 계기로 수음은 신체적으로나 정신적으로 건강에 해롭지 않은 정상적인 성행동으로 여겨졌다. 불과 50여 년 전의 일이다.

2003년 7월 오스트레일리아 연구진들은 수음을 자주 하면 전립선암 예방에 도움이 된다는 논문을 발표했다. 특히 20대에 매주 5회 이상 수음한 남자는 훗날 전립선암에 걸릴 확률이 3분의 1로 줄어든다고 주장했다. 그 이유는 밝혀지지 않았지만 사정을 자주 하면 발암물질이 전립선에 축적될 수 없기 때문인 것으로 추정되고 있다.

홀로그래피 이용한 데이터 저장 장치

2004년에는 홀로그램을 이용한 컴퓨터 데이터 저장 장치가 시장에 모습을 드러낼 것으로 전망된다. 1963년 미국의 한 기술자가 처음 아이디어를 낸 이후 40년 동안 막대한 연구개발 자금을 투입한 끝에 비로소 상품화에 성공한 것이다.

돌을 연못에 던지면 밖으로 퍼져 나가는 동심원 모양의 파문이 생긴다. 이러한 물결이 서로 교차하면서 퍼져 나갈 때 생기는 골과 마루의 복잡한 배열을 간섭무늬라고 한다. 빛, 전파, 레이저 광선 등 파동의 성질을 지닌 현상은 간섭무늬를 만들어낸다.

파동의 간섭현상을 이용하여 물체의 입체정보를 기록하는 기술을 홀로그래피라고 하며, 홀로그래피 기술로 만들어낸 영상은 홀로그램이라 일컫는다.

홀로그램은 하나의 레이저 광선을 두 갈래로 나누어 만든다. 첫 번째 광선은 피사체에 반사시킨다. 두 번째 광선은 피사체에서 반사된 광선에 부딪히게 한다. 그렇게 하면 서로 간섭무늬를 만들어낸다. 이러한 간섭무늬를 필름 위에 기록한 것이 홀로그램이다.

눈으로 보면 필름에 기록된 영상은 피사체와 전혀 상관이 없어 보인다. 그러나 여기에 또 다른 레이저 광선을 통과시키면 피사체의 3차원 영상이 다시 나타난다. 이 입체 영상은 진짜처럼 보이지만 손으로 만져보려고 하면 손은 허공을 지나가고, 거기에는 아무것도 없음을 알게 된다.

홀로그램은 3차원 영상을 기록할 수 있을 뿐 아니라 정보를 저장하는 능력이 대단하다. 두 개의 레이저 광선이 필름에 부딪히는 각도를 변화시키면 동일한 필름 표면에 서로 다른 영상을 기록할 수 있기 때문이다.

홀로그래피 기술은 정보를 입체적(3차원)으로 기록할 수 있기 때문에 컴퓨터의 데이터 저장 장치로 크게 기대를 모았다. 이론적 계산으로는 CD 크기의 디스크에 1테라바이트(1,000기가바이트)의 데이터 저장이 가능하다. 이는 오늘날 DVD가 20기가바이드를 밑도는 저장능력을 가지고 있는 점에 비추어볼 때 실로 대단한 것이 아닐 수 없다.

게다가 데이터 검색 속도는 현재의 기술과는 비교가 불가능할 정도이다. 데이터 이송 속도가 초당 10억 비트인 시작품들이 선보였다. 이는 현재의 DVD보다 최소한 60배 빠른 속도이다.

요컨대 저장 용량과 검색 속도에서 홀로그래피 데이터 저장 장치는 타의 추종을 불허한다.

달 정복 꿈꾸는 항아 계획

16일 중국의 첫 유인 우주선 선저우(神舟) 5호가 예정대로 네이멍구 자치구의 초원지대에 무사히 착륙함에 따라 중국은 러시아와 미국에 이어 우주기술 강대국 대열에 합류했다.

우주에 약 21시간 머물렀던 중국 최초의 우주인 양리웨이(38) 인민해방군 중령은 세계 241번째 우주 비행자로 기록되었다.

중국 우주개발의 다음 목표는 달나라 정복이다. 2010년에 달 표면에 유인 우주선을 착륙시키기 위하여 '항아 계획'을 추진 중인 것으로 알려졌다.

항아는 달과 관련된 중국 신화 중에서 가장 널리 알려진 항아분월(嫦娥奔月)의 주인공이다. 항아는 본래 하늘나라의 여신이었으나 남편인 예를 따라 인간세계로 내려왔다. 하늘의 신인 예는 열두 가지의 힘든 일을 해치운 그리스 신화의 영웅 헤라클레스처럼, 성군이었던 요임금을 도와 나라 안의 어려운 일들을 해결한다.

그 당시 열 개의 태양이 한꺼번에 하늘에 나타나 벼 이삭은 말라 죽고 백성들은 더워서 숨도 제대로 쉬지 못할 지경이었다. 백성들은 예가 머문 왕궁의 광장에 몰려와 못된 태양을 모조리 제거해줄 것을 간청했다. 예는 활 솜씨가 뛰어났다. 그는 활시위를 당겨 아홉 개의 태양을 쏘아 떨어뜨렸다. 그러나 태양은 천제의 아들들이었기 때문에 예는 하늘로 되돌아갈 수 없게 된다. 항아 역시 남편과 같은 처지가 되자 비탄에 잠겼다.

예와 항아 사이에는 부부싸움이 끊이지 않았다. 결국 예는 죽음의 공포에 사로잡힌 항아를 위하여 천신만고 끝에 곤륜산에서 불사약을 구해 온다. 부부는 날을 받아 함께 불사약을 먹기로 했다. 이 약을 먹으면 승천까지 할 수 있다는 사실을 알게 된 항아는

남편 몰래 몽땅 삼켜버린다. 약 기운이 퍼지면서 저절로 하늘로 날아간 항아는 남편을 배반한 여자라는 비난이 두려워 하늘나라로 가지 못하고 월궁으로 가서 숨어 지낸다. 월궁 안에는 흰 토끼와 계수나무 한 그루밖에 없있다.

중국인들은 '항아가 달로 도망쳤다'는 뜻을 지닌 항아분월 신화를 떠올리며 남편 잘못으로 하늘나라로 돌아가지 못한 채 달에서 홀로 쓸쓸히 지내는 항아에게 연민의 정을 느끼게 마련이다.

1969년 인류 최초로 달에 첫발을 디딘 미국의 아폴로 계획이 태양신의 이름을 빌린 반면, 중국의 항아 계획은 달나라 여신을 등장시킨 대목이 대조적이다. 그렇다면 달에 착륙할 최초의 중국인은 여자일까, 남자일까.

11월의
과학나라

커피는 건강에 해로운가 I 코끼리는 지진신호로 대화한다 I 사람에게도 페로몬이 있을까 I 실러캔스는 살아 있는 화석이다 I SK 와이번스는 알고 보면 무서운 괴물 I 출세욕에 눈먼 과학자들 I 연필은 사라지지 않는다 I 인터넷2의 텔레−이머전 I 마천루, 욕망의 높이는 몇 층인가 I 우주 예인선으로 소행성 따돌린다 I 일본인들은 아톰을 사랑했다 I 지율 스님과 도롱뇽

커피는 건강에 해로운가

차의 잎, 커피의 열매나 잎, 콜라 열매, 카카오 나무에는 카페인이 함유되어 있다. 카페인은 커피를 통해 가장 많이 섭취된다. 하루에 커피를 4~5잔 마시지 않으면 기분이 울적하다거나 두통을 느낀다는 사람이 적지 않다. 따라서 카페인이 마취제인 코카인이나 진정제인 헤로인처럼 중독성을 지닌 물질인지 여부를 놓고 학계의 의견이 분분하다.

카페인은 흥분제의 효과가 있기 때문에 중독성을 가진 것으로 여겨졌다. 그러나 1999년 세계 언론은 프랑스 연구진들이 카페인에 중독성이 없음을 증명했다고 보도했다. 한편 카페인이 코카인이나 헤로인과 유사한 특성을 공유한 것으로 확신하는 학자들은 카페인 금단증상에 주목한다. 커피를 마시지 않으면 1~2일 뒤에 두통, 피로감, 졸음이 심하게 나타나기 때문이다.

카페인은 일시에 대량으로 섭취하면 치명적이다. 만일 커피를 50~100잔 연거푸 마시는 어리석은 사람이 있다면 자살행위를 하는 셈이다. 이처럼 카페인이 생명을 위협할 수 있으므로 차나 커피가 건강에 끼칠 영향에 대해 논란이 끊이지 않고 있다. 주요 관심사는 심장병, 암, 임신 부작용과 커피의 관련성 여부이다.

　심장병은 선진국에서 으뜸가는 사망 원인이다. 서구인들은 커피를 상용한다. 그러나 커피가 심장병에 영향을 끼친다는 연구 결과는 나오지 않았다. 단지 카페인이 혈압과 심장마비에 나쁜 영향을 줄 가능성이 있으므로 하루에 4잔 이상 커피를 마시지 말 것을 권유하고 있다. 암의 경우 한때 커피가 췌장암이나 유방암을 유발할 소지가 높다는 의견이 있었으나 아무런 관계가 없는 것으로 밝혀졌다. 대부분의 다른 암도 마찬가지이다. 단지 방광암만은 예외라는 게 전문가들의 의견이다.

　커피는 산모나 태아 모두에게 나쁜 영향을 줄 가능성이 높다. 산모는 유산할 위험이 있으며 태아는 발육이 늦어질 수 있다. 임산부에게 카페인은 백해무익하므로 커피를 하루에 한 잔 이상 마시지 말 것을 당부하고 있다.

　그 밖에도 카페인은 뼈의 농도를 감소시켜 골절의 위험을 높여준다. 따라서 골다공증에 시달리는 갱년기의 여성들은 커피를 자제해야 할 필요가 있다.

　어쨌든 임산부나 갱년기 여성들을 제외하고 커피를 적당히 마신 경우에 건강을 해친다는 증거는 나와 있지 않다. 그렇다고 해서 카페인이 기분을 좋게 해주는 효과 말고는 건강에 이롭다는 증거도 없다. 다만 커피를 즐기는 사람들이 자살을 덜 한다는 것을 빼놓고는.

코끼리는 지진신호로 대화한다

사람보다 뛰어난 감각능력을 지닌 동물이 적지 않다. 인간의 눈은 자외선과 적외선을 보지 못하지만 거의 모든 곤충과 새들이 자외선을 볼 수 있으며 북아메리카 사막에 사는 독사의 일종인 방울뱀은 우리가 열로 느끼는 적외선을 눈으로 본다.

사람은 20~2만 Hz의 소리를 듣지만 대부분의 동물은 초음파라 불리는 2만 Hz 이상의 주파수를 식별한다. 초음파 청각능력이 가장 뛰어난 동물은 박쥐이다. 박쥐는 초음파를 발산하여 반사되어 오는 음파를 잡아 물체의 위치를 측정한다. 20Hz 이하의 초저주파를 듣는 동물로는 전서구가 손꼽힌다. 전서구는 수천 마일 떨어진 바다의 파도나 산골짜기의 바람에서 나오는 극도로 낮은 주파수의 소리를 들을 수 있다.

또한 후각능력에서 사람은 동물의 적수가 안 된다. 곤충의 경우 뇌세포의 절반이 후각에 동원될 정도

로 냄새를 잘 맡는다. 모기는 잠든 사람이 내뿜는 이산화탄소를 감지하여 흡혈 대상을 발견한다. 수나비는 몇 km 떨어진 곳에서 암나비가 분비하는 화학물질의 냄새를 맡고 달려간다.

이처럼 인간은 시각, 청각, 후각에서 다른 동물에 견주어 한계가 있을 뿐만 아니라 일부 자극에 대해서는 완전히 모르고 지낸다. 동물은 느낄 수 있지만 인간의 감각능력 밖에 있는 대표적인 자극으로는 전기와 자기가 있다. 전기 감지능력은 다양한 종류의 물고기와 오리너구리처럼 물속에 사는 몇몇 포유동물에게서 발견된다. 가장 예민한 전기 감각을 가진 물고기는 상어, 홍어, 가오리 따위의 연골어이다. 상어는 전기 감각으로 모래 속에 숨어 있는 가자미를 손쉽게 찾아내서 먹어치운다. 지구에 의해 발생되는 자장에 반응하는 동물 역시 적지 않다. 자기 감각능력은 전서구, 철새, 왕나비, 붉은거북, 연어처럼 먼 거리를 이동하는 동물들이 갖고 있다. 이들의 몸속에 들어 있는 자철광이 나침반 노릇을 하기 때문에 하늘과 바다에서 길을 잃지 않고 먼 거리를 왕래할 수 있다.

최근에는 동물들이 지진신호, 즉 땅속에서 전달되는 진동을 감지할 수 있다는 연구 결과가 나왔다. 코뿔소, 사자, 코끼리와 같은 대형 육상동물은 땅의 진동을 의사소통 수단으로 사용하는 것 같다. 2000년 12월《미국 음향학회지》에 발표된 논문에 따르면 코끼리는 땅속을 통해 16km까지 신호를 보낼 수 있다. 그러나 인간이 만들어내는 소음공해로 말미암아 코끼리들이 지진신호를 제대로 주고받지 못해 고통을 겪고 있다는 게 학계의 공통된 의견이다.

사람에게도 페로몬이 있을까

독일 화학자인 아돌프 부테난트는 20여 년간 누에나방의 암컷이 분비하는 화학물질을 연구하여 구조를 밝혀냈다. 이 물질은 극소량일지라도 수km 밖의 수컷들이 털을 부들부들 떨면서 달려올 정도였다. 부테난트는 페로몬에 해당되는 화학물질을 최초로 확인한 공로가 인정되어 36살 되는 1939년 노벨상을 받았다. 같은 종의 다른 개체에게 정보를 전달하기 위해 동물의 몸에서 분비되는 화학물질을 통틀어 페로몬이라 한다.

페로몬 연구에 기여한 또 다른 인물은 오스트리아 동물학자인 칼 폰 프리쉬이다. 1973년 노벨상을 받았으며 꿀벌 연구로 유명하다. 꿀벌, 개미, 장수말벌 등 사회성 곤충은 페로몬을 사용하여 복잡한 분업을 수행한다.

페로몬은 동물이 새끼를 확인하거나 영토를 표시하는 일에서부터 짝을 유인하는 번식 행동에 이르기까지 의사소통의 신호로 사용된다. 페로몬은 특히 코 안에 서골비 기관(vomeronasal organ)이라고 불리는 제2의 후각 계통을 가진 동물의 번식 행동에 심대한 영향을 미친다.

서골비 기관은 양서류, 파충류와 대부분의 포유류에서 발견된다. 서골비 기관은 페로몬을 탐지하는 데 사용되므로 성적인 코라 불린다.

코 안에 들어 있는 성적 기관이라는 뜻이다.

　사람의 코에 서골비 기관이 존재하지 않는다는 주장은 오랫동안 학계의 정설이었다. 바꾸어 말해 페로몬이 사람의 몸에서 분비되지 않는 것으로 간주되었다. 그러나 1986년부터 상황이 바뀌었다. 미국 학자들이 콧구멍으로부터 약 1cm 뒤에서 서골비 기관으로 보이는 0.1mm가량의 구멍을 두 개 발견했다고 주장했기 때문이다.

　사람이 분비하는 페로몬은 아직까지 밝혀지지 않았다. 그러나 인간 페로몬의 존재를 뒷받침하는 연구 결과는 속속 발표되고 있다. 2000년 미국 록펠러 대학 연구진은 생쥐의 페로몬 수용체와 비슷한 단백질을 합성하는 것으로 보이는 유전자를 인체에서 발견했다. 2001년 8월 스웨덴 과학자들은 《뉴론》이라는 삽지에 사람의 뇌 안에서 페로몬 신호에 반응하는 증거를 찾아냈다는 논문을 발표했다. 그럼에도 불구하고 인체에서 페로몬이 검출될 것으로 낙관하는 학자들은 많지 않다.

　어쨌든 인간 페로몬의 존재를 확신하는 사람들은 합성 페로몬이 포함되었다는 향수를 만들어 횡재를 꿈꾸고 있다. 페로몬 향수는 이성을 은밀히 유혹하려는 사람들이 군침을 삼킬 만하다. 최근에는 합성 페로몬이 월경전증후군(PMS)의 치료에 특효가 있다는 연구 결과도 발표되었다.

실러캔스는 살아 있는 화석이다

1901년 영국의 귀족 한 사람이 콩고의 열대우림에서 오카피(okapi)를 처음으로 발견했다. 얼룩말 무늬를 가진 노새 크기의 오카피는 '살아 있는 화석'이라 불린다. 멸종된 것으로 추정되었던 동물의 생존이 확인될 때 그 동물을 살아 있는 화석이라 부른다. 오늘날 오카피는 국제신비동물학회를 상징하는 동물로 사랑을 받고 있다.

1982년 발족된 국제신비동물학회는 신비동물학(cryptozoology)의 구심점이다. 사람의 손길이 미치지 못하는 깊은 바다나 밀림 속에 숨어 사는 미지의 동물을 연구하는 분야를 신비동물학이라 한다.

신비동물학의 기틀을 만든 인물은 벨기에의 베르나르 외벨망이다. 1955년 그가 펴낸 『미지의 동물을 찾아서』가 세계적인 베스트셀러가 되면서 신비동물에 대한 관심이 고조되었다. 4년 뒤인 1959년 신비동물학이라는 용어가 공식적으로 처음 사용되었다.

신비동물학의 존재를 가장 극적으로 보여준 동물은 실러캔스(coelacanth)이다. 3억 5000만 년 전에 처음 출현하여 6500만 년 전에 멸종된 것으로 추정되었으나 실제로는 살아남아 세계 곳곳에서 여러 마리가 어부들한테 붙잡혔기 때문이다. 말하자면 실러캔스는 '살아 있는 화석'이다.

실러캔스는 떡갈나무 잎 모양의 지느러미를 갖고 있는 어류이다. 1938년 12월 남아프리카공화국 동부 해안에서 한 마리의 낯선 물고기가 잡혔는데, 길이는 약 1.5m에 무게는 58kg이었다. 우여곡절 끝에 이 물고기는 실러캔스라고 명명되었다. 그로부터 14년이 지난 1952년 12월 아프리카의 모잠비크 해협에 위치한 코모로 제도에서 실리캔스의 두 번째 표본이 발견되었다. 1952년 이후 코모로 제도의 바다 속에서 200마리 이상이 그물에 걸렸다.

1998년 인도네시아에서 제2의 실러캔스가 모습을 드러냈다. 1999년 유전자 분석 결과 인도네시아 실러캔스와 코모로 실러캔스는 유전적으로 다른 종임이 밝혀졌다.

2000년 12월 초하루, 남아프리카공화국 정부는 연안에서 실러캔스 여섯 마리가 잠수부들에게 목격되었다고 발표했다. 가장 큰 것은 길이가 2m에 가까웠다고 설명했다.

남아프리카공화국, 코모로 제도, 인도네시아, 쿠웨이트, 마다가스카르 등 여러 나라에서 실러캔스의 기념우표가 발행되었다. 1993년 북한에서 발행한 우표도 있다. 남한에서는 실러캔스를 강극어의 일종으로 보는 데 비해 북한 우표에는 공극어로 표기되어 있다.

SK 와이번스는 알고 보면 무서운 괴물

국내 프로야구 구단 명칭에 동물이 많이 나온다. 8개 구단에 호랑이, 곰, 사자, 독수리를 비롯하여 상상동물인 유니콘과 와이번 등 6종이 등장할 정도이다.

유니콘(일각수)의 특징은 이름 그대로 이마 중간에 돌출한 한 개의 뿔이다. 이 외뿔은 길이가 45cm이며 여러 색으로 얼룩덜룩하다. 로마의 플리니우스(23~79년)가 펴낸 《박물지》에는 '머리는 사슴, 몸통은 말과 비슷하며 발은 코끼리, 꼬리는 멧돼지를 닮은 짐승'으로 묘사되었다. 유라시아, 특히 인도에 많이 살며 수풀에서 풀을 뜯어 먹고 산다. 사자나 호랑이에게 잡아먹히기도 한다. 수명은 40~60년이다.

유니콘의 뿔은 해독 기능이 아주 대단하다. 중세 유럽에서는 이 뿔을 물에 그저 담그기만 해도 바다 전체를 깨끗이 할 수 있다고 믿었다. 유니콘은 힘이 세고 빨라서 정상적인 방법으로는 붙잡을 수 없다. 유니콘의 모든 힘은 그 뿔 속에 있는데, 적을 만나면 뿔을 칼처럼 자유자재로 움직여 갑옷과 방패를 뚫을 수 있기 때문에 산 채로 붙잡기가 쉽지 않다.

그러나 유니콘은 순결한 젊은 처녀 앞에서는 유순해진다. 따라서 젊은 처녀를 데리고 들로 나가 유니콘이 지나가는 길목에 앉혀두면 유니콘이 그녀의 무릎 위에 머리를 눕히고 잠이 들기 때문에 사로잡을 수 있다.

그리스도교에서는 유니콘의 외뿔이 신의 독생자인 예수를 가리킨다고 생각했지만 1563년 로마 교황청은 예수를 유니콘에 비유하지 못하도록 했다.

와이번(비룡)은 용의 가까운 친척으로 용처럼 날개가 달려 있다. '날아다닌다'는 표현이 가장 잘 어울리는 괴물이다. 용의 다리가 네 개인 데 비해 와이번은 두 개의 다리를 갖고 있다. 몸의 길이는 2~5m이다. 유럽, 특히 북부지방의 수풀, 동굴 또는 산에 산다. 수명은 최고 30년이다. 성질이 난폭하여 먹이가 될 만한 것이 눈앞에 나타나면 무엇이든지 가리지 않고 어금니와 긴 꼬리로 공격한다. 어금니와 꼬리에는 모두 치명적인 독이 들어 있다.

중세의 동물 우화집에서 와이번은 악마의 상징이며 전쟁이나 역병을 뜻한다. 특히 중세 유럽이 흑사병의 공포로 떨고 있을 때 와이번이 병을 퍼뜨린 것으로 여겨졌다. 한편 와이번은 연금술에서 기저 물질을 상징했다. 따라서 연금술사가 칼로 와이번을 공격하는 모습이 그림으로 자주 묘사되었다.

아무래도 와이번은 프로야구와 어울리지 않는 상상동물인 것 같다.

출세욕에 눈먼 과학자들

지난 9월 25일 첨단기술의 요람인 미국 벨연구소는 세계 과학계에 충격적인 보고서를 발표했다. 소속 연구원인 32살의 물리학자가 실험 자료를 조작한 사실을 확인했기 때문이다. 이 연구원은 반도체와 초전도체 분야에서 쌓아 올린 업적으로 노벨상 수상이 임박했다는 평가를 받던 인물이었으므로 충격의 파장은 엄청났다. 더욱이 그가 세계적 과학전문지인 《네이처》와 《사이언스》에 발표한 10여 편의 논문 역시 실험 자료를 조작한 것으로 판명됨에 따라 연구 결과를 제대로 검증하지 못한 두 잡지의 권위는 여지없이 추락했다.

과학자들이 자신의 업적에 대해 동료들로부터 존경을 받고 싶어하는 것은 인지상정이다. 이러한 욕망은 거의 모든 과학자들에게 연구에 몰두할 수 있는 동기를 부여한다. 그러나 일부 과학자들은 명성에 대한 비정상적인 집착으로 실험 자료를 날조하고 싶은 유혹을 뿌리치지 못하여 과학사에 오점을 남기기도 했다. 위대한 과

학자들 역시 예외가 아니다. 프톨레마이오스, 갈릴레오 갈릴레이, 아이작 뉴턴, 존 돌턴, 그레고르 멘델 등 역사적 업적을 낸 과학자들의 실험 자료들은 미심쩍은 부분이 없지 않은 것으로 밝혀졌다.

프톨레마이오스는 고대의 가장 위대한 천문학자로 알려졌다. 그가 주장한 천동설은 무려 1500년 동안이나 영향력을 행사했다. 그러나 그의 천문 관측은 대부분 이집트의 해안에서 밤중에 실시한 것이 아니라 알렉산드리아의 도서관에서 대낮에 한 것으로 밝혀졌다. 도서관에 앉아서 그리스 천문학자들의 연구를 해석하여 자신이 한 것처럼 주장한 것이다.

갈릴레이, 뉴턴, 돌턴, 멘델의 실험 결과는 재현하기 어려울 정도로 정교하거나 다듬어진 것들이다.

과학자들은 연구비를 타거나 출세의 발판으로 삼기 위해 남의 연구 결과를 서슴없이 도용하기도 한다. 우리나라에서 대학교수들이 논문을 표절하여 사회적 물의를 일으킨 사례는 비일비재하다. 또한 정부로부터 연구비를 많이 타내기 위하여 동일한 연구 과제를 제목만 바꾸어 여러 차례 신청하는 얌체 박사들도 없지 않다. 연구 보고서를 제출하지 않거나 연구비를 유용 또는 횡령하는 불미스러운 일도 빈발하고 있다. 요컨대 오늘날 과학자 사회는 입신출세주의에 의해 서서히 세속화되어가고 있다.

그러나 대부분의 과학자들은 학문적 성과를 날조하면서까지 개인의 출세욕을 추구하지 않는다는 사실을 잊어서는 안 될 것 같다. 진리 탐구에의 열정만으로 연구실을 지키는 과학자들은 아직도 많다.

연필은 사라지지 않는다

새롭게 태어난 사상 최초의 기록자. 고향은 깊은 잠을 자는 흑연 광산과 향기로운 삼나무 숲이다. 사람들의 두뇌가 함께하는 곳이라면 어디든 막론하고 전 세계의 모든 마을과 벽촌까지도 알려져 있는 세계시민이다.

한 작가가 연필을 찬양한 글의 일부이다. 나무연필의 역사는 적어도 400년 전으로 거슬러 올라간다. 스위스 내과의사이자 박물학자인 콘라트 게스너(1516~1565)가 1565년 발간한 책에 연필에 관한 서술이 나오기 때문이다.

나무연필은 새로운 필기도구들의 도전을 줄곧 받아왔다. 1873년 샤프 펜슬이 나타났다. 19세기를 거치면서 발전한 만년필 신제품들이 쏟아져 나왔다. 1888년 특허를 획득했으나 1945년에서야 미국에서 최초로 상용화된 볼펜은 그 값이 싸지면서 휴대용 필기도구로 폭발적인 인기를 끌었다. 1938년 《뉴욕타임스》는 게스너가 최초로 연필을 언급한 이후 연필의 역사를 사설로 다루면서 타자기가 연필을 몰아낼 것이라고 전망했다. 타자기에 이어 워드프로세서가 연필의 종말을 재촉할 것이라는 예측도 뒤따랐다. 1980년대 들어 퍼스널컴퓨터가 연필을 무용지물로 만들 것처럼 보였다.

그러나 《뉴욕타임스》의 사설은 너무 과장된 것으로 판명되었다. 나무연필은 샤프펜슬, 만년필, 볼펜, 타자기, 컴퓨터의 등장으로 심각하게 영향을 받은 적이 결코 없기 때문이다. 가령 1960년대에 나무연필은 역대 최고의 생산량을 기록하여 미국만 해도 연간 20억 자루가 생산되었으며 오늘날까지 연필은 많은 사람들의 필기도구로 사랑을 받고 있다.

『연필』(1989)의 저자인 헨리 페트로스키 교수는 연필의 몇 가지 이점, 이를테면 지울 수 있고 전지가 필요 없고 무엇보다 값싼 장점 때문에 최소한 20년 동안은 수요가 줄어들지 않을 것이라고 전망했다.

연필처럼 정보기술의 발달로 종말이 임박했다는 선고를 받은 것들은 한두 가지가 아니다. 책이 그 대표적인 예이다. 2000년 8월 미국의 마이크로소프트를 비롯한 몇몇 기업늘은 전자책의 시대가 도래했다고 공식선언했다. 그러나 2001년 여름 《뉴욕타임스》 전면에는 "전자책 시대가 도래했다는 예측은 성급했다"는 표제가 실렸다. 종이책이 전자책으로 대체될 것이라는 예측이 빗나갔음을 지적한 기사였다. 책은 컴퓨터 화면보다 휴대하기 쉽고, 뒤적거리기 쉽기 때문에 50년 뒤에도 살아남을 터이다.

연필과 종이책 같은 전통기술이 디지털 기술에 쉽게 함락될 것으로 속단하는 것처럼 어리석은 일은 없다.

인터넷2의 텔레-이머전

인터넷 사용자가 폭발적으로 증가하면서 그 성능이 저하됨에 따라 대안으로 제2의 인터넷이 개발되고 있다. 1996년 10월부터 미국의 100여 개 대학이 공동 개발 중인 인터넷2는 현재의 인터넷과 달리 교육기관 전용 네트워크이며 핵심 기능은 텔레-이머전(tele-immersion)이라 불리는 원격존재 기술이다.

원격존재는 인공지능 이론가인 미국의 마빈 민스키가 처음 사용한 용어이다. 1979년 미국의 스리마일 원자력발전소에서 사고가 났을 때처럼 원격로봇의 필요성이 절실했던 적은 일찍이 없었다. 사람에게 위험한 장소에 로봇을 설치하고 먼 거리에서 마음대로 조종할 수 있다면 방사성 물질을 깨끗이 쓸어낼 수 있기 때문이다.

스리마일 원자력발전소 사고에 충격을 받은 민스키는 사람의 지각 및 인지능력으로 로봇을 제어하는 원격조작 기술의 개발을 미국 정부에 제안했다.

원격조작되는 로봇의 임무 수행은 인간과 로봇 사이에 교환되는 정보의 특성에 달려 있다. 사람이 로봇의 작업환경을 생생하게 느낄수록 그만큼 더 정확하게 로봇을 제어할 수 있으며, 원격로봇이 조작자의 판단이나 지시를 생생하게 전달받을수록 그만큼 더 완벽하게 작업을 수행할 수 있기 때문이다. 다시 말해 원격로봇으로 하여금 조작자의 의사대로 물체를 다루게 하면 조작자는 먼 거리의 물체를 마치 자신이 직접 만지고 있는 듯한 느낌을 갖게 된다. 결과적으로 조작자는 원격로봇이 있는 장소에서 자신이 직접 작업을 하고 있는 듯한 착각, 즉 자신이 그곳에 실제로 존재하는 것 같은 느낌을 갖게 된다. 이러한 존재감각의 경험을 원격존재라 일컫는다.

시각·청각·촉각을 구비한 원격존재 시스템이 정보통신망에 연결되면 대면통신시대가 열린다. 대면통신은 인류의 가장 오래되고 가장 효율적인 의사소통 방법, 즉 손짓이나 몸짓 등 제스처, 표정, 육체 언어, 시선의 교환 등을 동원한다. 대면통신이 가능해지면 원격지의 상대와 성적 촉감까지 주고받게 될 것으로 예상된다.

인터넷2의 핵심인 텔레-이머전은 수백 마일 떨어져 있는 사람들이 마치 같은 방 안에 있는 것처럼 자연스럽게 상호작용할 수 있는 원격존재 기술이다.

텔레-이머전은 가상현실과 화상회의를 결합시킨 새도운 동신 비니어이다. 텔레-이머전이 성공적으로 개발되면 물론 업무용 여행이 상당히 많이 줄어들 테지만, 인간은 로봇으로 원자 세계까지 제어하는 능력을 갖게 될 것이다.

마천루, 욕망의 높이는 몇 층인가

세계에서 가장 높은 건물의 기록이 바뀐다. 대만의 타이베이 국제금융센터가 세계 최고 빌딩의 영예를 누리게 된 것이다. 1999년 착공되어 마무리 공사 중인 이 건물은 '타이베이 101'로 불릴 만큼 101층에 높이는 508m이다. 건물 꼭대기에 설치된 30m짜리 방송탑까지 합치면 1997년부터 세계 1위를 뽐내던 말레이시아 콸라룸푸르의 쌍둥이 빌딩인 페트로나스 타워(88층, 높이 452m)를 멀찌감치 따돌린다.

인류는 하늘에 좀더 가까이 닿고 싶은 욕망을 표출하기 위하여 높이 솟아오른 구조물의 건설을 시도했다. 기원전 2600년 이집트 쿠푸 왕이 높이 146m의 피라미드를 세운 이후로 건축가들은 경쟁적으로 초고층 건물을 세웠다.

20세기부터는 마천루의 시대가 열린다. 1885년 미국 시카고에 건설된 10층짜리 건물이 마천루의 효시이다. 1930년대 이후 미국에 1,000피트(300m)를 넘는 마천루가 들어선다. 1931년 뉴욕에 102층(381m)의 엠파이어스테이트 빌딩이 세워졌다.

1970년대에는 미국의 뉴욕과 시카고에 마천루가 경쟁적으로 건립된다. 1970년 시카고의 존행콕 타워(100층, 344m), 1973년 뉴욕의 세

계무역센터 쌍둥이 빌딩(110층, 417m), 1974년 시카고의 시어스 빌딩(108층, 443m)은 미국의 경제력을 온 세계에 과시하는 상징물로 등장했다. 그러나 2001년 9월 11일 세계무역센터 쌍둥이 빌딩은 테러집단의 공격으로 붕괴되었다.

1990년대 중반 이후 마천루 건설 경쟁은 그 중심이 미국에서 아시아로 이동한다. 1997년 완공된 페트로나스 타워는 세계 최고의 건물로 군림했으며 1999년 상하이에는 진마오 빌딩이 세워졌다.

우리나라 역시 63빌딩(228m) 이후 100층 이상의 건물이 여러 차례 시도되었으나 환경문제 등이 제기되어 좌절된 적이 있다.

1956년 89살에 미국 건축가인 프랭크 로이드 라이트는 그의 마지막 작품으로 1마일(1,609m) 높이의 528층짜리 건물을 설계했다. 1마일 타워가 시카고에 건설되었더라면 저층에서는 빗물을 보지만 고층에서는 눈발을 구경하게 되었을지 모른다.

정보사회에서는 사무실의 효용가치가 떨어지므로 초고층 건물이 쓸모없다는 주장이 있지만 인류의 끝없는 과시 욕망은 더 높은 마천루의 건설을 중단하지 않을 터이다.

9·11 테러를 잊지 않기 위해 세계무역센터 자리에 532m의 건물을 다시 지을 궁리를 하고 있다지 않은가.

우주 예인선으로 소행성 따돌린다

매일 밤 소행성의 파편이 1억 개 이상 지구의 대기권으로 들어온다. 이러한 소행성 부스러기는 조약돌보다 크지 않아 대기권에서 증발하기 때문에 우리의 머리 위로 밝은 빛을 내뿜으며 사라진다. 하지만 큰 소행성 조각이 대기권에 진입하면 증발되지 않고 폭발하므로 지구에 위협이 된다.

1908년 6월 시베리아의 퉁구스카에서 지름 60m의 소행성 조각이 10km 높이의 하늘에서 폭발했다. 폭약인 TNT 10메가톤에 맞먹는 폭풍이 발생하여 뉴욕 시만한 면적을 폐허로 만들었다. 이러한 규모의 사건이 21세기에 일어날 확률은 10%로 추정된다.

지구 근처에는 수많은 소행성들이 존재하기 때문에 지구와 충돌할 가능성을 배제할 수 없다. 지름 100m 정도의 소행성은 10만 개, 1km 이상 되는 것은 1,000~2,000개가 있으며 게다가 대부분 확인되지 않은 상태이다.

지름 100m짜리 소행성은 2100년 전에 지구와 충돌할 확률이 2%이며, TNT 100메가톤의 위력이 있다. 한편 지름 1km 이상의 소행성은 TNT 10만 메가톤, 즉 현존하는 모든 핵무기의 에너지를 합친 것보다 큰 파괴력으로 인류 문명을 절멸시킬 수 있다. 이러한 충돌이 21세기에 발생할 확률은 0.02%로 추정된다.

2002년 7월 천문학자들은 지름 2km의 소행성인 '2002 NT 7'이 2019년 2월 1일 초속 28km로 지구에 돌진할 것이라고 발표했다. 지구와 충돌하면 원자폭탄 2,000만 개의 위력을 발휘할 것으로 예상된다. 충돌 확률에 대해서는 관측기관에 따라 9만 분의 1에서 22만 분의 1까지 제각각이다.

과학자들은 소행성과의 충돌을 모면하는 방법을 다각도로 궁리하고 있다. 애초 충돌을 예상했던 궤도에서 소행성을 이탈시키면 지구와 소행성은 충돌하지 않을 수 있다. 따라서 소행성을 애초 궤도에서 벗어나도록 만드는 방법이 대여섯 가지 제안되었다.

가장 대표적인 것은 영화 〈아마겟돈〉(1998)에서처럼 원자폭탄을 소행성 표면 또는 근처에서 폭발시켜 소행성을 파괴하거나 궤도를 이탈시키는 방법이다. 그러나 핵폭탄의 영향을 가늠하기 어렵기 때문에 최선의 선택은 아닌 듯싶다.

최근에는 우주 예인선이라 불리는 우주선을 사용하는 아이디어가 주목을 받고 있다. 우주선을 소행성에 착륙시킨 다음 마치 예인선이 하는 것처럼 소행성을 궤도 밖으로 끌어내자는 발상이다. 우주 예인선은 2015년까지 실현될 전망이다.

일본인들은 아톰을 사랑했다

오는 19일부터 일본의 애니메이션 〈우주소년 아톰〉이 우리나라 텔레비전에서 방영된다. 아톰은 1951년 일본 만화의 신이라 불리는 데즈카 오사무가 창조한 로봇이다. 데즈카는 원자력을 평화적으로 사용하는 가상의 나라를 만화의 무대로 설정하고, 사람의 마음을 가진 아톰이 하늘을 날며 사람들을 구하는 장면을 묘사함으로써 인류가 과학기술을 통하여 행복해지기를 바라는 그의 소망을 펼쳐 보였다.

아톰이 일본인들의 사랑을 독차지한 이유는 두 가지로 볼 수 있다. 먼저 아톰은 2차 세계대전에 지고 실의에 빠져 있던 일본인들에게 희망과 꿈을 불어넣었다. 히로시마에 투하된 원자폭탄으로 수많은 사람들이 죽었음에도 불구하고 일본인들은 과학기술을 증오하는 대신에 데즈카처럼 그것을 활용하려고 노력했다.

예컨대 일본의 히로히토 왕은 패전 직후인 1945년 9월 열두 살된 아들에게 보낸 편지에서 일본이 패망한 이유로 과학기술을 경시한 것을 지적했다. 따라서 일본 왕을 비롯한 정치 지도자들은 정복자, 곧 미국이 보유한 기술을 이용하여 나라를 재건하는 쪽으로 방향을 잡았다. 과학기술에 나라의 장래를 건 일본인들에게 아톰처럼 과학의 힘을 유감없이 보여준 상징은 없었기 때문에 인기가 높을 수밖에 없었던 것이다.

아톰이 사랑을 받은 두 번째 이유는 일본인 고유의 정신문화에서 찾을 수 있다. 일본인들은 길 위의 작은 돌멩이에서 각종 전자제품에 이르기까지 그 안에 혼이 들어 있다고 믿는다. 삼라만상에 영혼이 있다고 여기기 때문에 컴퓨터는 물론이고 휴대전화 등 각종 기계에 사람처럼 이름을 지어준다. 많은 사람들은 친구보다 기계와 더 많은 시간을 보낼 정도이다. 이러한 풍토에서 사람처럼 움직이는 기계인 아톰이 가족처럼 사랑받은 것은 당연했다.

컴퓨터로 제어되는 로봇은 1954년 미국에서 처음으로 특허가 출원되었다. 1961년 최초의 산업용 로봇은 미국의 제너럴모터스 공장에서 사용되었다. 그러나 오늘날 세계 최대의 로봇 국가는 일본이다.

기계를 사랑하고 아톰을 탄생시킨 일본이 로봇 왕국이 된 것은 우리에게 시사하는 바가 적지 않다. 참여정부에서 21세기 한국의 미래가 걸린 10대 성장 동력에 서비스 로봇을 포함시켰기 때문이다. 젊은이들이 이공계를 기피할 정도로 과학 기술을 싫어하는 사회에서 실현 가능한 목표인지 궁금하다.

지율 스님과 도롱뇽

　　　　침팬지와 도롱뇽. 두 동물은 우리나라 환경운동의 일그러진 모습을 상징적으로 보여주고 있다.

　11월 초순 제인 구달 여사가 서울을 다녀갔다. 한평생 아프리카에서 야생 침팬지를 연구한 구달 박사는 1991년부터 청소년 중심의 환경보호 시민운동단체를 조직하여 자연과 동물을 지키는 활동을 펼치고 있다. 69살의 할머니답지 않게 구달 박사는 서울에 머문 며칠 동안 다양한 행사를 치러냈다.

먼저 그의 방한에 맞춰 출간된 『제인 구달의 생명사랑 십계명』을 구입하는 독자들에게 서명을 해주는 자리를 가졌다. 주요 일간지와의 인터뷰도 줄을 이었다. 서울대학교에서는 대중 강연도 했다. 경기 용인시의 테마파크 '에버랜드'를 방문하여 동물원에 갇혀 있는 침팬지와 오랑우탄을 살펴보았다. 경기도지사가 동행하여 눈길을 끌기도 했다. 구달 여사가 동물원의 침팬지들을 보고 열악한 환경을 안타까워했다는 기사가 대서특필될 정도로 그의 일거수일투족은 언론의 융숭한 대접을 받았다.

더욱이 그의 저서인 『희망의 이유』가 문화방송 프로그램인 '느낌표'의 선정도서로 뽑힘에 따라 구달 박사의 방한 효과는 이래저래 화제가 되었다. 불황의 늪에 빠진 출판계는 외국 저자의 책이 선정된 경위를 궁금해하면서 베스트셀러가 될지 지켜보고 있다.

서울에서 구달 박사의 환경운동이 언론의 화려한 조명을 받고 있을 무렵 부산시청 앞에서는 천성산 내원사의 지율 스님이 경부고속철도의 천성산 관통을 반대하며 무기한 단식기도를 하고 있었다. 지율 스님은 고속철도가 천성산을 관통할 때 야기되는 환경 훼손을 막기 위해 목숨을 건 싸움에 나선 것이다.

지율 스님은 지난 여름 43일 동안 부산시청 앞에서 하루에 3,000번씩 땅에 엎드려 큰절을 올리는 3천배 기도 수행을 했으며, 이어서 동지들과 함께 부산에서 천성산까지 세 걸음 걷고 한 번 절하는 삼보일배의 길을 떠났다. 시인이자 사진작가인 것으로 알려진 지율 스님은 11월 16일까지 45일 동안 단식기도를 하여 세인을 놀라게 했다.

또한 10월 15일 국내 최초로 동물이 법정에 서는 소송을 제기했다. 천성산 계곡의 도룡뇽을 원고로 내세워 고속철도 천성산 구간 공사 착공금지 가처분 신청을 법원에 낸 것이다. 도룡뇽처럼 하잘것없는 생명에까지 연민의 손길을 내미는 비구니 스님의 자비심이 매명을 일삼는 환경운동가들의 양심을 일깨우게 되길 바랄 따름이다.

12월의 과학나라

키스할 때 세균 조심하세요

입은 음식을 먹고 술을 마시는 일에서부터 말하고 비명을 지르는 일까지 하는 일이 많다. 입의 활동 중에서 가장 인기가 높은 것은 키스이다.

사람들은 우호적인 인사를 건넬 때나 사랑을 확인할 때 상대방의 뺨, 손등 또는 입술에 입을 맞춘다. 그러나 인류의 모든 문화권에서 키스가 보편화되어 있는 것은 아니다. 예컨대 남태평양에 소재한 망가이아 섬의 사람들은 남자가 사춘기에 접어들면 늙은 부인네들이 실습을 통해 여자에게 성적 쾌락을 안겨주는 비법을 전수할 정도로 열정적이지만 1700년대에 유럽인들이 들이닥칠 때까지 키스에 관해 아무것도 모르는 상태였다. 오늘날에도 일부 문화에서는 키스를 기피하고 있다.

키스가 본능적 행위가 아니고 문화적 산물이라면 언제 어느 곳에서 무슨 이유로 키스가 발명되었는지 궁금할 수밖에 없다. 키스의 기원에 대해서는 여러 가지 설이 있다. 많은 인류학자들은 키스가 상대방의 얼굴 냄새를 맡기 위해 시작되었다고 주장한다.

에스키모 부족인 이뉴잇이나 태평양의 섬사람들은 입술 대신에 코를 비비는 키스를 선호한다. 요컨대 키스는 연인의 냄새를 확인하는 수단으로 발명되었다는 것이다.

그러나 사랑하는 남녀가 입을 벌리고 혀를 섞는 키스, 곧 프렌치 키스가 비롯된 이유로는 설득력이 떨어진다. 영국 동물학자인 데즈먼드 모리스는 몇백만 년 동안 어머니가 아기의 젖을 떼기 위해 입으로 음식을 씹어 입술과 입술의 접촉을 통해 아기의 입에 넣어준 행위로부터 프렌치 키스가 유래되었다고 주장한다. 젊은 연인들이 혀를 섞어 상대의 입을 탐색하면서 인류의 조상들이 어머니로부터 입술의 접촉으로 먹을 것을 받아 먹던 편안함을 즐긴다는 것이다.

키스가 언급된 가장 오래된 문헌은 기원전 1500년께 쓰여진 인도의 유물로 여기에는 코를 비비는 관습이 묘사되어 있다. 4세기께 인도 힌두교의 성에 관한 사상을 집대성한 『카마수트라』에는 키스의 종류와 기교가 상세히 적혀 있다. 인도에서 키스 문화를 받아들인 최조의 유럽인은 고대 그리스인들로 추정된다. 그러나 정작 키스를 대중화시킨 민족은 피가 뜨거운 로마인들로 여겨진다.

프렌치 키스에는 적어도 29개의 근육이 동원되고 최대 9mg의 타액과 단백질 0.7mg, 지방질 0.711mg, 염분 0.45mg이 교환된다.

키스를 하면 뇌 안에 엔도르핀이 흘러넘쳐 행복감을 느끼며, 인슐린이나 아드레날린 같은 호르몬의 분비가 늘어나 면역력이 올라간다. 그러나 침 속에 바글거리는 세균을 조심할 일이다.

수세식 화장실의 대안을 찾아서

사람에게 밥 먹고 똥 싸는 일보다 더 중요한 일은 없다. 살아간다는 것은 밥을 먹고 그 밥을 똥으로 만들어 배설하는 과정이라고 표현한다고 해도 지나칠 것은 없다. 이처럼 잘 먹는 것 못지않게 잘 싸는 일이 중요함에도 불구하고 선남선녀들은 마치 자신들이 똥이나 오줌을 싸지 않고 사는 것처럼 생각한다. 똥과 오줌은 아무짝에도 쓸모없는 더러운 쓰레기 취급을 받는 것이다. 따라서 많은 사람들은 화장실의 변기에 앉아 일을 보고 물을 내리고 나면 배설한 사실 자체를 잊고 싶어한다.

수세식 변기는 1596년 영국에서 발명되었다. 물을 매개로 싸는 곳과 씻는 곳이 하나의 공간에 통합되면서 좌변기, 세면기, 욕조로 구성된 화장실이 등장했다. 이러한 서구식 화장실은 1962년 서울 마포아파트를 시작으로 전통 한옥에서조차 우리나라의 재래식 뒷간을 몰아냈다.

전통 뒷간에서는 인분을 거름으로 사용했지만 대부분의 뒷간이 수세식 화장실로 개조되면서 사람의 똥은 거름으로서 효용성을 상실하고 처치 곤란한 쓰레기가 되었다. 분뇨는 훌륭한 퇴비자원이지만 물과 합류되는 순간 오물 덩어리가 되고 말기 때문이다.

　　수세식 화장실은 분뇨 처리에 엄청난 양의 물을 낭비한다. 수세식 변기의 1회 물 소비량은 8~15리터이다. 하루에 다섯 번 정도 사용하므로 한 사람이 50리터쯤 소비한다. 여자들은 자신의 배뇨 소리가 남에게 들리는 것이 두려워 물소리로 은폐하기 때문에 남자보다 2.5배가량 더 쓴다고 한다. 어쨌든 수세식 화장실의 물 낭비는 지구촌의 심각한 물 부족 사태를 부채질하는 요인임에 틀림없다.

　　게다가 수세식으로 내려진 분뇨는 수질오염의 빌미가 된다. 분뇨는 정화조에 들어가 희석된 뒤 하천으로 흘러가는데, 이 희석수에는 대장균이 득실거리기 때문이다. 하수관으로 흘러든 희석수로 말미암아 도시의 하수가 온통 병원균의 온상이 되기도 한다.

　　수세식 화장실의 물 낭비와 수질오염을 해결하기 위해서는 물을 가급적이면 덜 사용하는 환경친화적인 뒷간을 개발하는 방법밖에 없다. 서구에서는 분뇨를 발효시켜 퇴비로 전환하는 재래식 뒷간을 좌변기, 저장탱크, 배기팬 등 현대식 구조로 바꾼 자연발효 화장실을 최선의 대안으로 연구하고 있다. 가령 영국의 대안기술센터(CAT)는 다양한 종류의 자연발효 화장실을 발표했다.

　　우리나라에서도 전국귀농운동본부 중심으로 수세식 화장실의 대안을 모색하는 움직임이 활발하게 전개되고 있다.

잘 놀수록 머리 좋아진다

　　방학이 시작되면 어머니들은 아이들이 놀지 않고 공부만 하는 일과표를 짜도록 윽박지른다. 그러나 최근에 아이의 지능 개발을 위해 공부 못지않게 놀이가 중요하다는 연구 결과가 나왔다.

　　대부분의 동물들은 놀 줄을 모른다. 까치와 까마귀처럼 큰 뇌를 가진 새들을 제외하고 놀기 좋아하는 동물은 포유류뿐이다. 왜냐하면 놀이는 위험하고 에너지 소모가 많기 때문이다. 가령 물개의 새끼는 80%가 재미있게 노는 도중에 포식자가 접근하는 것을 눈치채지 못해 잡아먹힌다. 따라서 놀이가 진화된 이유가 궁금할 수밖에 없다. 수십 개의 이론이 제시되었지만 최근까지 두 이론이 가장 인기가 높았다. 운동 이론과 기량훈련 이론이다.

　　운동 이론은 어린 동물들이 놀이를 통해 어른이 되었을 때 필요한 근육과 지구력을 발달시킬 수 있기 때문에 놀이가 진화되었다고 설명한다.

　　한편 기량훈련 이론 지지자들은

동물이 어릴 적부터 재미있게 놀면서 훗날 짝짓기와 먹이 사냥 따위에 사용될 기량을 몸에 익힐 수 있으므로 사람을 비롯한 포유동물들이 놀기 좋아하는 특성을 타고난 것이라고 주장한다. 그러나 두 이론은 제각기 약점을 지닌 것으로 밝혀졌다.

결국 생물학자들은 새로운 이론을 모색했다. 놀이를 하는 동물일수록 지능이 뛰어나다는 사실에 주목하고 돌고래, 설치류, 유대류와 같은 포유동물을 연구한 결과 몸 크기에 견주어 상대적으로 뇌가 큰 동물들이 더 잘 노는 경향이 있음이 드러났다. 뇌의 크기와 놀 줄 아는 능력 사이에 밀접한 상관관계가 있다는 것을 밝혀낸 셈이다. 큰 뇌가 작은 뇌보다 자극에 민감하기 때문에 어른의 뇌로 제대로 성장하기 위해서는 어릴 적에 더 많은 놀이가 필요하고 이 까닭으로 놀이가 진화되었을 가능성이 높다는 새로운 이론이 제기된 것이다.

물론 이 이론이 완벽하게 검증된 것은 아니지만 생물학자들은 대부분 이 새로운 이론에 동의하고 있다. 미국의 마크 베코프 교수는 사람 뇌의 많은 부위가 놀이와 관련되며 놀이는 예상 외로 높은 수준의 인지능력이 요구되는 행위라고 주장한다. 놀이를 잘 하려면 상대방을 파악해서 규칙에 따라 행동하지 않으면 안 되기 때문이다.

요컨대 잘 노는 아이일수록 정신적으로 건강한 성인으로 성장할 개연성이 높다는 것이다.

베코프의 주장은 극성맞은 어머니들이 일찌감치 유아원부터 보내 조기영어 교육을 시킨답시고 마음껏 뛰어놀 기회를 차단하는 우리 사회에 시사하는 바가 적지 않을 것 같다.

창조론 신봉하는 과학자 많다

기독교 신자들은 하느님의 말씀에 절대로 오류가 있을 수 없다고 생각하기 때문에 『성경』의 창세기에서 우주와 인류의 기원에 관해 서술한 내용은 엄연한 역사적 사실이라고 주장한다.

창조론의 대표적 이론가는 18세기 영국 신학자인 윌리엄 페일리(1743~1805)이다. 1802년 발표한 논문에서 기계적인 완벽성을 갖춘 척추동물의 눈을 시계에 비유하고, 시계의 설계자가 있는 것과 똑같은 이치로 눈의 설계자가 반드시 존재하다는 논리를 펼쳤다. 페일리가 내세운 설계자는 다름 아닌 하느님이다. 생물체는 하느님이라는 시계공이 만든 살아 있는 시계라는 것이다.

페일리의 창조론이 19세기 초반까지 통용되었기 때문에 1859년 찰스 다윈의 『종의 기원』이 출간되었을 때 대부분의 사람들은 진화론을 이해하기는커녕 관심조차 갖지 않았다. 그러나 진화론은 결국 창조론을 뿌리째 흔들어놓았다.

20세기 들어 유례없는 과학기술의 진보로 숨을 죽이고 있던 창조론자들은 1960년대부터 본격적인 반격을 개시한다. 창조론자들은 진화론에 대해 '지적 설계(Intelligent Design)' 가설로 맞섰다. 이들의 주장은 1991년 미국의 법학교수인 필립 존슨이 펴낸 『심판대 위의 다윈』,

1996년 생화학자인 마이클 베히가 출간한『다윈의 블랙박스』, 1998년 영국 수학자인 윌리엄 뎀스키가 베히의 주장을 수학적으로 논증한 논문에 체계화되어 있다.

가령 베히는 세포의 복잡한 생화학적 구조는 진화론의 자연선택 과정에 의하여 우연히 만들어졌다고 볼 수 없을 만큼 복잡하고 정교하기 때문에 생명은 오로지 지적 설계의 산물일 수밖에 없다고 주장했다. 지적 설계란 과학으로 입증이 불가능한 지적인 존재, 즉 하느님의 손길에 의한 설계를 뜻한다.

요컨대 지적 설계 가설은 생명이 하느님의 창조물이라는 주장을 과학적으로 설득하려는 시도이다. 예전의 창조론자들처럼 맹목적으로 성경에 매달리는 대신 과학이 밝혀낸 사실을 아전인수식으로 원용하는 새 창조론은 '창조과학'이라 불린다. 성경 대신 과학을 무기 삼아 진화론을 공격하는 고등 전술의 창조론인 셈이다.

창조론에 과학의 옷을 그럴 법하게 입힌 창조과학자들의 활동은 괄목할 만하다. 미국의 경우 1999년 캔자스 주의 생물교과서에서 진화론 부분을 삭제시키는 데 성공했다. 1981년 결성된 한국창조과학회도 교과서 수정 추진위원회를 두고 있다. 핵심 인물 중에는 대학과 연구소에 근무하는 과학자들이 적지 않게 포함되어 있다.

이슬람 과학을 생각한다

2001년 한 해를 마감하면서 가장 기억에 남는 사건은 아무래도 9월 11일 미국 심장부를 겨냥한 동시 다발 테러 공격일 것이다. 세계의 유일 초강대국인 미국의 경제력과 군사력을 상징하는 뉴욕의 110층짜리 세계무역센터 쌍둥이 빌딩과 워싱턴의 국방부 건물이 테러 집단에 의해 납치된 민간 항공기의 공격을 받고 한순간에 맥없이 무너져 내리는 광경을 텔레비전 중계로 지켜보면서 온 세계가 경악하고 분노했다.

이윽고 테러 사건의 배후 인물로 지목한 오사마 빈 라덴을 응징하기 위하여 미국이 아프가니스탄에 맹공을 퍼부음에 따라 보복과 살육의 피냄새가 온 세계에 진동했다.

탈레반 정권은 첨단무기를 앞세운 미국의 일방적 공격 앞에 속수무책이었다. 지하드(성전)를 부르짖는 빈 라덴의 추종자들은 미국의 막강한 군사력 앞에 무릎을 꿇지 않을 수 없는 처지를 한탄하면서 과학기술의 중요성을 절감했을는지 모른다.

한때 아프가니스탄은 이슬람 과학의 중심지였다. 이슬람 과학, 즉 중세에 아라비아어를 사용하여 전개된 과학은 10세기 후반부터 11세기까지 황금시대를 구가했다.

유럽이 암흑 속에 쇠락하던 시기에 서쪽은 스페인의 피레네 산맥, 동쪽은 중국의 국경선에 이르는 거대한 제국을 건설한 이슬람은 정복한 땅에서 미친 듯이 과학의 진수를 긁어모았다. 특히 칼리프(이슬람 국가의 임금)들이 앞장섰다. 그들은 과학도서를 아라비아어로 번역하는 작업을 대규모로 진행했다. 히포크라테스, 유클리드, 아리스토텔레스의 저서가 모두 번역되었다.

요컨대 그리스 학문이 씨앗이 되고 페르시아나 인도의 과학이 가미되어 이른바 이슬람 과학이 형성된 것이다. 이슬람 과학은 수학, 연금술, 광학에서 세계적인 학자를 배출했다. 또한 이슬람 세계는 중국과 유럽을 잇는 중개자 역할을 했다. 예컨대 중국의 당나라와 접촉하여 종이 제조법을 이어받아 서방세계에 전했다.

이슬람은 그리스 유산을 보존·발전시켜 유럽에 되돌려 주었다. 그리스 유산을 중세 말기의 서구에 전하여 깊은 잠에서 깨어나게 한 것은 이슬람 제국이 인류 문명의 발전에 기여한 위대한 업적이라 아니할 수 없다.

탈레반에 대한 미국의 일방적 승리를 지켜보면서 이공계 대학 지원자가 급격히 줄어들고 있는 우리 사회를 걱정하는 사람들이 적지 않았을 것이다. 2002학년도의 대학수학능력시험 응시자 가운데 겨우 27%가 과학 기술계를 지원하고 있다니 가슴이 답답하기 이를 데 없다.

바른생활상 받는 과학자 나와야

해마다 노벨상 시상식 하루 전날이면 스웨덴 의회에서는 '또 하나의 노벨상'이라 불리는 바른생활상이 수여된다.

1980년 제정된 이 상은 사회정의와 인권, 세계평화와 군축, 환경보전 등 지구와 인류의 안녕을 위해 힘써온 개인이나 단체에 수여된다. 인간은 모름지기 자연과 타인을 존중하는 바른 삶을 영위하지 않으면 안 된다는 믿음을 실천하기 위해 제정된 상이다. 대표적인 수상자들의 면면을 살펴보면 바른생활상의 취지가 드러난다.

1986년 수상한 단체는 헬레나 노르베리 호지가 설립한 라다크 생태개발그룹이다. 라다크는 히말라야 북쪽 티베트 고원에 있는 토착 공동체이다. 노르베리 호지는 스웨덴의 언어학자였으나, 라다크의 전통문화에 매료되어 장기간 체류하면서 환경을 훼손하는 서구 산업사회의 대안을 모색했다.

1993년 수상자인 인도의 반다나 시바는 여류 환경운동가이다. 시바는 현대과학이 여성과 자연에 대한 폭력의 근원이라고 전제하고, 여성과 민중에 기반을 둔 풀뿌리 과학을 모색한다.

2001년 수상자 4명 중에는 이스라엘과 팔레스타인 사이의 평화 증진에 공헌한 사람, 라틴아메리카 해방신학의 창시자가 포함되었다. 이

밖에도 일본의 다카키 진자부로, 오스트리아의 로버트 융크 등 반핵운동가와 독일의 한스 페터 뒤르 등 저명한 과학자들이 영예의 수상자 명단에 올라 있다.

바른생활상을 받은 사람들의 공통점은 인권과 환경보호 차원에서 현실 문제를 비판하고 대안을 모색하여 실천에 옮긴다는 것이다. 오는 12월 9일 상을 받게 될 2002년 수상자들 역시 예외가 아니다. 수상자는 개인 2명, 단체 2개이다. 투옥을 마다하지 않고 독재에 항거한 파라과이의 인권 운동가, 태양에너지 연구에 공헌한 오스트레일리아의 과학자, 종족 분쟁의 해소에 기여한 스웨덴과 부룬디의 민간단체들이다.

바른생활상은 48개 국가에서 100명 넘게 수상했다. 미국, 독일, 일본 등 선진국은 물론이고 방글라데시, 에티오피아, 레바논, 이집트 등 제3세계 국가들도 적잖게 들어 있다.

바른생활상의 상금 20만 달러는 수상자들이 나누어 갖는다. 노벨상의 상금 액수에 비하면 참으로 보잘것없다. 그럼에도 불구하고 바른생활상은 제2의 노벨상으로 갈수록 성가가 높아지고 있다.

이제는 우리나라에서도 노벨상만 막무가내로 쳐다보지 말고 바른생활상을 받는 환경운동가와 과학자가 하루빨리 나오도록 사회적 관심과 노력을 기울여야 할 것 같다.

아우들은 늘 변혁을 꿈꾼다

새로운 과학이론이 출현했을 때 모든 과학자들이 선뜻 수용하는 것은 아니다. 미국 매사추세츠 공대의 역사학자인 프랭크 설로웨이는 25년 동안 가족 내의 출생 순서와 성격 사이의 상관관계를 연구하고 과학분야의 변혁은 대부분 맏아들이 아닌 아우들에 의해 주도되었음을 밝혀냈다.

그는 1543년부터 1967년까지 400년이 넘는 기간 동안 28개의 중요한 과학논쟁에 참여한 2,800여 명의 과학자들이 견지한 입장을 분석했다.

가령 1543년 코페르니쿠스가 죽고 지동설을 주장하는 책이 발간된 뒤 1609년까지 진행된 논쟁에서 큰아들로 태어난 과학자들은 22%만이 지동설을 지지했지만 아우로 태어난 과학자들은 무려 75%가 지동설에 찬성한 것으로 나타났다.

다윈이 주창한 진화론에 대한 논쟁(1859~1870)에서는 장남 과학자의 20%, 장남이 아닌 과학자의 61%가 다원의 편에 섰다. 아인슈타인의 상대성이론을 놓고 20여 년간 진행된 논쟁(1905~1927)에서는 장남 과학자의 30%, 동생으로 태어난 과학자의 76%가 상대성이론을 받아들였다. 1912년 알프레트 베게너가 제안한 대륙이동설은 1967년 논쟁이 마무리될 때까지 장남 과학자들은 36%만이 지지했지만, 장남이 아닌 과학자들은 68%가 지지했다.

설로웨이는 아우로 태어난 과학자들이 큰아들로 태어난 과학자보다 혁신적인 아이디어를 수용하는 경향이 평균 3배 정도 강하다는 결론에 도달했다. 뉴턴, 라부아지에, 아인슈타인처럼 큰아들로 태어났더라도 혁명적인 이론을 제시한 사례가 없는 것은 아니지만 대체로 기존의 고정관념을 깨는 급진적 이론에 대한 반대자는 장남들이었다는 것이다.

설로웨이는 장남들이 보수적이고 현상유지를 원하는 반면에 아우들이 급진적이고 모험을 즐기는 성향을 갖게 된 이유를 진화심리학으로 설명했다. 자식이 오래 생존할수록 더 많은 자손을 낳게 되므로 부모의 유전자를 전파할 가능성이 크다. 따라서 부모는 일찍 태어난 아이에게 더 많은 투자를 하려는 경향이 있다. 장남은 부모와 밀접한 관계를 유지하여 이러한 상황을 활용하고 싶어하기 때문에 보수적으로 될 수밖에 없다. 그러나 동생은 형보다 잃을 게 많지 않으므로 변화를 추구하고 모험을 두려워하지 않는다는 것이다.

설로웨이의 이론을 우리나라 정치인들에게 적용해보면 어떨까. 5·16의 박정희는 5남2녀의 막내, 5·17의 전두환은 3남3녀의 넷째이다. 이회창 후보는 5남매의 셋째, 노무현 후보는 5남매의 막내로 태어났다.

부정적 고정관념은 백해무익하다

나흘 뒤면 새로운 대통령이 선출된다. 이번 선거 역시 지역감정이 판세를 좌우할 개연성이 없지 않다. 지역감정은 가령 전라도와 경상도 사람들이 상대방에 대해 갖고 있는 고정관념에서 비롯된다.

우리는 누구나 성별, 나이, 인종 등에 대해 고정관념을 갖고 있다. 이를테면 "남자는 힘이 세고 여자는 연약하다"든가 "흑인은 백인보다 지적으로 열등하다"는 생각을 하게 마련이다. 이러한 고정관념은 우리가 너무 어려서 제대로 판단할 수 없을 때 형성되기 때문에 그 내용이 부정적인 것들이 적지 않다. 고정관념에 의해 편견을 갖게 되는 것도 그 때문이다.

심리학자들은 고정관념이 사람의 인지 능력뿐만 아니라 행동에까지 막대한 영향을 끼친다는 연구 결과를 내놓았다. 특히 부정적인 고정관념은 성적 부진, 질병, 정신적 좌절 등을 유발하는 것으로 밝혀졌다.

1994년 미국에서 노인들에게 나이와 관련된 단어를 제시하고 반응을 조사했다. 단어의 절반은 '현명하다' 또는 '성취했다'와 같은 긍정적인 것이고, 절반은 '병들었다' 또는 '노회하다'와 같은 부정적인 것이었다. 부정적인 단어에 노출된 뒤 노인들은 걸음걸이에 힘이 빠지고

스스로 능력을 평가절하하며 삶의 의욕을 상실하는 것으로 나타났다. 고정관념이 당사자들에게 그릇된 생각을 갖도록 할 수 있음을 보여준 실험 결과이다.

스탠퍼드 대학의 클로드 스틸 교수는 미국 흑인들이 지적으로 열등하다는 고정관념을 연구했다. 그는 지능을 평가하는 검사임을 알고 있을 때 흑인 대학생들이 백인 학생보다 지능지수와 학업 성취도에서 점수가 낮은 것을 확인했다. 그러나 지능과 관련된 시험이 아니라고 확신시킨 경우에는 흑인들의 점수가 백인과 대등하게 나타났다.

스틸은 동일한 성격의 시험에서 흑인들의 성적이 다르게 나온 이유는 고정관념 위협(stereotype threat) 때문이라고 설명했다. 흑인 학생들은 백인보다 머리가 나쁘다는 고정관념으로 말미암아 부당한 판정을 받게 될 것이라고 지레 겁을 먹은 탓으로 좋은 성적을 내지 못했다는 것이다.

스틸은 고정관념 위협을 심각하게 느끼는 사람일수록 자신감이 넘치고 재능이 많다고 전제하고, 이들이 자존심을 지키기 위해 고정관념 위협이 없는 세계로 도피하는 경향을 우려했다.

부정적인 고정관념은 당사자뿐만 아니라 사회 전체에 백해무익한 것임에 틀림없다. 오는 19일 선출되는 대통령은 제발 고질적인 지역감정을 뿌리 뽑아 건강한 사회로 탈바꿈시켜주길 바란다.

베들레헴의 별은 무엇인가

왕의 부탁을 듣고 박사들은 길을 떠났다. 그때 동방에서 본 그 별이 그들을 앞서 가다가 마침내 그 아기가 있는 곳 위에 이르러 멈추었다(마태복음 2장 9절). 동방박사들은 예수의 강탄을 예고한 별을 보고 그 아기에게 경배하기 위해 베들레헴으로 온 것이다.

기독교도들은 물론이고 천문학자와 점성가들은 예수가 태어날 당시 떠돌던 별의 정체에 대해 궁금증을 가졌으나 수수께끼는 풀리지 않고 있다. 더욱이 다른 복음서에는 베들레헴의 별이 언급되어 있지 않기 때문에 그 별의 존재 여부를 의심하는 사람들이 적지 않다.

17세기 초 행성의 운동에 관한 법칙을 발견한 독일의 천문학자인 요하네스 케플러는 베들레헴의 별이 신성이나 초신성이라고 생각했다. 신성이란 희미하던 별이 갑자기 환히 빛났다가 곧 다시 희미해지는 별이며, 보통 신성의 1만 배 이상의 빛을 내는 특별히 큰 신성을 초신성(슈퍼노바)이라 이른다.

케플러 이후 베들레헴의 별에 대한 논쟁은 수그러들었으나 1999년 영국과 미국에서 서로 상반된 견해를 주장한 두 권의 책이 출간된 것을 계기로 대중적 관심사로 부상했다. 한쪽은 천문학으로, 다른 한쪽은 점성학으로 접근했다. 2001년에는 영국에서 가장 존경받는 천문학

자인 패트릭 무어 경이 책을 펴
내고, 색다른 이론을 제안했다.
그는 베들레헴의 별이 행성이
나 초신성이 아니라 유성(별똥
별)이라고 주장했다. 결론적으로
천문학자들은 베들레헴의 별이
신성, 초신성 또는 유성일 것이라
고 의견이 분분하기 때문에 일부에서

는 천문학보다는 점성학으로 설명을 시도하고 나서기도 했다.

점성학은 서양에서 르네상스까지 전성시대를 누릴 정도로 영향력이 막강했다. 옛사람들은 개인의 운명에서 전쟁이나 홍수 등 재앙까지 세상만사를 별자리로 점칠 수 있다고 믿었다. 따라서 마태오는 예수가 죽고 수십 년이 지난 뒤 유대인들에게 예수가 하느님의 아들인 구세주임을 설득시키지 않으면 안 되었을 때 점성학을 신봉하는 사회 분위기를 외면할 수 없었다.

하느님이 존재한다면 그의 독생자를 땅으로 내려 보낸다는 사실을 사전에 알리지 않았을 리 없다고 믿는 사람들에게 마태오가 제시할 수 있는 최상의 증거는 별자리였을 것이다. 그는 베들레헴의 별이 예수의 탄생을 예고했다고 둘러댄 것이다.

베들레헴의 별이 유독 마태복음에만 언급되어 있고 천문학자들이 아직까지 그 별의 정체를 밝혀내지 못하고 있기 때문에 이러한 상상이 그럴 법하게 여겨지는 것이리라.

정치과학자들의 물갈이 시급하다

이번 대통령선거 역시 많은 과학기술자들이 여러 후보 진영에 합류하여 정책 개발을 도왔다. 정부의 연구 개발 예산 규모가 갈수록 커지고 있는 상황에서 정치인들에게는 아무래도 난해한 분야인 과학기술의 정책 수립에 전문가들이 참여하는 것은 바람직한 현상임에 틀림없다. 그러나 개중에는 정치과학자로 불릴 만큼 권력지향적인 인물들이 섞여 있어 눈살을 찌푸리게 하였다.

많은 사람들은 과학자들이란 실험실에 처박혀 연구하는 것 말고는 다른 일에 무관심한 바보들이라고 생각하는 경향이 있다. 그러나 과학자들은 그리스 시대부터 여느 사람들 못지않게 사회적 문제에 참여해 왔다.

중세 이슬람 세계의 많은 과학자들은 동시에 행정가이기도 했다. 코페르니쿠스 등 16세기 중반에 업적을 이룩한 과학자들은 모두 공직에 있었다. 19세기와 20세기 초에는 갑작스런 과학의 번창으로 과학자들이 행정에 관여할 시간적 여유가 없었으나 2차 세계대전을 계기로 과학이 국가 발전에 필수적인 요소가 됨에 따라 과학자들의 정치 참여가 당연시되었다.

미국의 경우 1964년 대통령선거에서 노벨상을 받은 과학자들이 린

든 존슨 민주당 후보를 지지하는 선거 유세에 나설 정도였다. 워싱턴에서 열린 존슨 후보 지지모임에 참여한 노벨상 수상자는 33명에 이르렀다.

과학자들은 사회적 책임을 감당하는 한편으로 무책임한 행동도 마다하지 않았다. 정치적으로 아무 상전이나 잘 섬기겠다는 과학자들이 적지 않았던 것이다. 이러한 사회적 무책임을 본격적으로 드러낸 사례는 현대과학의 시조로 불리는 갈릴레이가 가톨릭교회에 무릎을 꿇은 사건이다. 갈릴레이는 로마 교황청에 고발되어 일흔 살 때인 1633년 종교재판에서 지동설의 주장을 취소한 대가로 목숨을 건졌다.

우리나라 과학기술자들은 박정희 정권 시절부터 경제 부흥의 견인차로서 정치인들과 우호적인 관계를 유지해왔다. 국민들은 과학기술자들이 독재 정권에 봉사하고 민주화에 무관심하더라도 도덕적으로 비난하지 않았다. 그만큼 우리나라 과학자들은 사회적 책임으로부터 자유로웠다.

이러한 환경에서 독버섯처럼 자라난 것이 다름 아닌 정치과학자들이다. 그들은 외국에서 취득한 박사학위를 무기 삼아 연구는 하지 않고 해바라기처럼 권력 주변을 맴돌았다. 그들은 패거리를 만들어 과학계의 인사와 예산 배정을 좌지우지했다. 이러한 정치과학자들이 이번에도 물갈이되지 않으면 과학한국의 앞날은 어둡기만 하다.

유전자를 예술로 표현한다

50년 전인 1953년 디옥시리보핵산(DNA)의 구조를 발견한 제임스 윗슨과 프랜시스 크릭은 "우리는 생명의 비밀을 발견했다"고 외쳤다. DNA 분자의 이중나선 구조 발견은 생물학에 혁명을 일으켰을 뿐만 아니라 대중문화에도 적지 않은 영향을 끼쳤다.

시각예술의 경우 올해 뉴욕과 런던 등에서 분자생물학을 주제로 삼은 그림, 조각, 사진 작품들이 대여섯 차례 전시되었다.

이중나선은 예술가들이 20세기 과학에서 영감을 얻은 최초의 이미지는 물론 아니다. 가령 원자의 분열은 바실리 칸딘스키(1866~1944)와 같은 추상화가에게 상상력의 원천이 되었다.

이중나선을 처음 사용한 화가는 스페인의 살바도르 달리(1904~1989)이다. 그보다 더 과학적인 성향이 있는 화가는 찾아보기 힘들다고 여겨질 정도인 달리는 1950년대의 초현실적인 작품에 DNA 이중

유전자를
음악으로
표현해요.

나선을 묘사하였다. 달리는 시대를 앞서간 인물이었다. 윗슨의 명저인 『이중나선』은 1968년에 출간되고, 유전공학은 1970년대에 태동했기 때문이다. 이중나선의 불가사의한 대칭성에 뒤늦게 매료된 예술가들은 1980년대부터 달리의 뒤를 좇아 다양한 작품 활동을 전개하였다. 그림, 조각, 건축은 물론 패션산업에까지 이중나선이 등장했다.

조각에서 이중나선의 대칭성은 매력적인 소재이다. 이중나선의 한쪽은 천국으로 향하는 계단처럼 하늘로 치솟아 오르고 다른 쪽은 미끄러지는 뱀처럼 땅으로 스며드는 이미지의 조각 작품들이 쏟아져 나왔다. 건축가들 또한 이중나선의 계단뿐만 아니라 유전의 원리를 설계 개념에 반영하고 있다.

이중나선은 시각예술에 이어 음악에서도 활용된다. 대표적인 프로젝트는 2001년 시작된 소닉 진(Sonic Gene)이다. 소닉 진의 목적은 인간게놈프로젝트의 완성을 기념하기 위해 DNA 염기서열 전체를 음악으로 표현하는 데 있다. 생물학자, 작곡가, 컴퓨터 과학자들은 염기서열을 고유의 소리로 바꿔주는 컴퓨터 프로그램을 만들었다. 유전정보를 음악적으로 유용한 디지털 형태로 바꾸게 되면, 이것을 인터넷에 올려 세계 곳곳의 음악가들이 고전음악에서 재즈까지 인간게놈에 대한 자신의 소리를 창조하도록 할 계획이다. 현재 인간 유전자 3만 개 중에서 20개가 디지털 형태로 바뀐 상태이다.

한편 유전자의 기능을 음악으로 보여주기 위하여 단백질을 구성하는 20개 아미노산에 소리를 부여하는 컴퓨터 프로그램이 개발되고 있다.

동물들의 아우슈비츠

우리나라 텔레비전에서는 뱀, 돼지, 원숭이, 돌고래 따위의 동물을 소재로 한 오락 프로그램이 최고의 인기를 누리고 있다. 사회적으로는 개, 고양이, 햄스터 등 애완동물에 대한 관심이 해마다 급증하는 추세이다.

일부 약삭빠른 동물행동학자들은 동물사회를 연구한 결과를 우격다짐으로 인간의 삶에 결부시켜 발표함으로써 재미를 톡톡히 보고 있다.

겉보기에 대한민국만큼 동물을 돌보고 아끼는 사회는 찾아보기 힘들 것 같다. 그러나 해마다 400만 마리 이상의 동물이 우리나라 실험실에서 죽어가고 있다. 하루에 1만 마리 이상의 동물이 대학과 연구소, 병원과 제약업체에서 생활용품 안전검사, 약품과 화장품 개발, 유해물질 독성 검사 등을 위해 희생되고 있는 것이다. 실험동물로는 생쥐가 번식력이 좋고 다루기 편해 80% 이상을 차지하며 쥐, 토끼, 기니피그 등이 주로 사용된다.

대다수 사람들은 동물이 사람보다 열등하며 사람처럼 감정을 느낄 능력을 갖고 있지 않다고 여기기 때문에 동물실험에 대해 무관심하게 마련이다. 그러나 집에서 애완동물을 길러 본 사람들은 동물이 사랑을 하고 고통과 불행을 느낄 수 있으며 분노, 공포, 고독감, 실망과 같은 감정을 지니고 있다고 믿는다.

1780년 영국 철학자 제레미 벤담(1748~1832)은 동물이 사람과 똑같이 고통을 느낄 수 있으므로 사람처럼 존중받을 권리가 있다고 주장했다. 1822년 영국 의회는 최초의 동물복지법을 통과시켰다. 이를 계기로 말,

당나귀, 양을 구타하거나 학대하는 행위는 범죄로 처벌받았다. 1876년에는 영국에서 동물학대 방지법이 제정되었는데, 반드시 마취된 상태에서만 동물을 실험하도록 규제했다.

1959년 영국 학자들은 동물실험의 세 가지 원칙(3R)을 제시했다. 동물실험을 대신할 다른 방법을 찾을 것(Replacement), 동물실험의 횟수를 줄일 것(Reduction), 실험동물의 고통을 줄이는 방법을 찾을 것(Refinement) 등이다. 이 원칙은 실험동물의 복지를 구현하는 지침이 되었다.

1998년 11월 마침내 영국의 화장품 회사들은 세계 최초로 동물실험을 포기하기로 선언했다. 유럽연합 역시 2005년부터 화장품 개발에 동물실험을 금지하는 법안을 의결했다.

우리나라에서는 식품의약품안전청이 실험동물법 제정을 추진하고 있다. 최근 서울대는 이르면 내년부터 동물실험에 대한 의무 규정을 만들어 운영할 계획임을 밝혔다.

신뢰사회와 옥시토신

경제학에 과학이론을 접목시켜 신고전파 경제학을 극복하려고 시도한 분야로는 진화경제학, 복잡계경제학, 신경경제학 등이 있다. 가장 새로운 분야인 신경경제학은 신경과학을 활용하여 인간의 상호작용을 연구한다. 이를테면 사람들이 협동할 때 가장 긴요한 인간적 속성인 신뢰의 본질을 밝히기 위해 뇌 안에서 신뢰의 행동을 일으키는 생리적 메커니즘을 탐색한다.

신경경제학을 주도하는 미국의 폴 자크 교수는 인체에서 신뢰와 관련된 화학물질은 오로지 한 종류뿐이며 옥시토신이라고 주장하였다.

옥시토신은 뇌의 시상하부에서 합성되어 뇌하수체를 통해 혈류로 방출되는 호르몬이다. 이 호르몬은 남녀 모두에게 작용하여 안고 싶은 충동을 유발한다. 포옹은 남편과 아내, 부모와 자식 등 가족의 유대 관계를 돈독하게 해준다. 요컨대 옥시토신은 동물에게 사랑과 행복을 안겨주는 화학물질이다.

자크 교수는 이러한 옥시토신이 신뢰행동을 일으키는 호르몬이라고 주장하여 경제학계의 주목을 받았다. 만일 시상하부, 곧 원시적인 뇌에서 분비되는 옥시토신이 신뢰행동에 관련된 유일한 호르몬이라면 경제주체가 완전한 합리성을 갖고 있다고 전제하는 신고전파 경제학은 도전을 받게 된다. 다시 말해 자크 교수는 인간의 신뢰행동이 이성에 의해 의식적으로 결정되는 것이 아니라, 정서에 의해 무의식적으로 유발된다고 주장한 셈이다.

자크 교수는 자신의 이론이 국가경제에 적용되길 희망한다. 프랜시스 후쿠야마가 『트러스트』에서 갈파한 것처럼 신뢰는 한 나라의 경제적 번영에 가장 강력한 영향을 끼치는 문화적 덕목이기 때문이다. 서로 믿지 못하는 사회일수록 개인이나 기업이 경제활동에 소극적이므로 국가경제가 침체될 수밖에 없는 것이다.

자크 교수에 따르면 옥시토신에 가장 많은 영향을 주는 국가적 요인은 독립적인 언론매체, 정책 결정과정의 투명성, 법에 의한 정치 등이다. 한마디로 투명하고 열린 사회일수록 경제주체의 옥시토신 분비가 활성화되어 사회 전체의 신뢰수준이 높아진다는 것이다.

이러한 사회적 요인이 하루아침에 개선되길 바랄 수는 없다. 그렇다고 국민 모두가 무력감을 느낄 일만도 아니다. 일반시민들도 국가의 신뢰수준을 끌어올릴 수단을 갖고 있기 때문이다. 다름 아닌 섹스이다. 단 혼외정사는 해당사항이 아니다. 옥시토신은 부부의 결속을 위해 진화된 것이므로.

기적을 과학으로 검증한다

요한 바오로 2세가 1978년 교황에 즉위한 이후 시복된 수는 1,000명 가까이 되고, 시성된 인물은 300여 명에 이른다. 시복은 죽은이가 복자, 곧 성인에 가까운 신자의 반열에 올랐음을 교황이 선언하는 것이며, 시성은 성인이 되었음을 확인하는 절차이다.

요한 바오로 2세의 시성 기록은 역대 교황을 단연 앞지른다. 두 번째 기록 보유자인 바오로 6세가 교황 재위 16년(1963~1978)에 시성한 수가 80여 명에 머물기 때문이다.

요한 바오로 2세의 시복 및 시성 기록이 역대 최고라는 사실은 역사상 가장 많이 기적을 조사했음을 의미한다. 천주교에서 기적은 시복 및 시성을 받을 만한 사람들에게 신이 내리는 은총의 표시로 간주되기 때문이다. 천주교는 여느 종교들처럼 수많은 기적을 보여준다. 『성경』에는 예수가 일으킨 기적이 여러 차례 소개된다. 그가 십자가에 못 박혀 죽은 뒤 부활한 것은 기적의 압권이다. 그 밖에도 예수는 빵 다섯 개와 물고기 두 마리로 5,000명을 배불리 먹이는가 하면, 물 위를 걷기도 하고, 나병이나 중풍 환자를 말 몇 마디로 고치는 기적을 몸소 보여준다.

천주교에 대한 신앙으로 병이 치유되는 기적은 프랑스의 루르드에서도 발생했다. 1858년 피레네 산기슭의 작은 마을에 살던 한 가난한 소녀가 동굴에서 성모 마리아의 모습을 보았는데, 마리아의 가르침에 따라 동굴 안에서 솟는 샘물로 목욕을 하여 천식을 고치는 기적이 일어났다.

이 소문은 삽시간에 퍼져나가 루르드는 해마다 500만 명의 순례자가 몰려드는 성소가 되었다. 이 중에는 기적처럼 병이 낫기를 바라는 환자가 8만여 명가량 포함되어 있다. 루르드를 찾는 몇몇 환자들은 한순간에 병이 나았다고 주장했다.

로마 교황청은 이들의 주장을 확인하기 위하여 의료조직을 발족했다. 기적의 평가를 의사들에게 위임한 셈이다. 1862년 이후 루르드 순례자들에 의해 질병이 치유되었다고 보고된 6,700여 건 중에서 로마 교황청에 의해 기적으로 간주된 경우는 70건을 밑돈다.

오늘날 시성을 위한 자료로 제출되는 기적은 99%가 갑작스런 질병 치료이다. 교황청에서는 두 개의 전문조직이 이러한 의학적 기적을 평가하고 있다. 성인에게 신이 내리는 은총인 기적의 평가를 의사들에게 맡김에 따라 일부 신학자들은 신의 뜻을 과학의 판단에 넘기는 처사는 옳지 않다고 비판한다.

올 한해 명상으로 정리해볼까

　　　　　　인도의 명상 수행법이 세계적 관심사가 되게끔 기폭제 구실을 한 이들은 영국의 비틀스이다. 1967년 런던에서 마하리시 요기를 만나 그의 영적 세계에 매료된 비틀스는 이듬해 전 세계 팬들이 지켜보는 가운데 히말라야 산중의 암자로 그를 찾아갔다. 이를 계기로 요기가 창시한 초월명상법은 미국에서 인기를 끌게 된다.

　초월명상 수행자들은 하루에 두 차례, 즉 아침과 저녁에 좌선하는 자세로 책상다리를 하고 앉아 머릿속으로 다른 사람에게 말해서는 안 되는 비밀스러운 주문, 즉 만트라를 반복하여 되뇌면서 온갖 상념과 근심을 떨쳐버리면 잠에 빠지기 직전처럼 몸에서 분리된 듯한, 이른바 초월의식 상태에 도달할 수 있다고 믿는다.

　1967년 하버드 의대의 허버트 벤슨 교수는 초월명상 수행자들이 명상을 하는 동안 신체 변화가 일어난다는 놀라운 사실을 밝혀냈다. 이들은 평소에 비해 호흡할 때 17%가량 산소를 덜 쓰고, 1분당 심장박동 수가 3회 떨어지며, 휴식과 이완에 관련된 뇌파인 세타파가 증가하였다. 벤슨 박사는 1970년대에 베스트셀러가 된 『이완 반응』이란 저서에서 명상이 이완 반응을 일으키기 때문에 스트레스 완화에 도움이 된다고 주장했다.

이완 반응이란 스트레스를 받을 때의 생리적 변화와 정반대되는 생리적 변화를 가리킨다. 이완 반응은 명상뿐만 아니라 기도나 최면에 의해서도 일어난다.

벤슨 박사의 연구 이후 여러 학자에 의해 명상 수행으로 뇌 활동에 변화가 발생한다는 사실이 확인되었다. 요컨대 명상은 스트레스를 줄여주고 인체의 면역기능을 향상시킬 수 있음이 밝혀진 것이다. 따라서 의사들은 심장병, 에이즈, 암, 불임 같은 만성질환을 예방, 완화 또는 통제하는 방법으로 명상을 권유한다. 또한 명상은 우울증, 과민반응, 집중력 결핍 같은 정신장애를 치유하는 데 사용되고 있다. 동양의 신비주의로 여겨지던 명상이 서양의 현대의학에 의해 질병을 치료하는 효과적인 수단으로 인정받게 된 셈이다.

미국의 경우 명상 바람이 몰아쳐 수행인구가 1,000만 명에 이르고 학교, 기업, 병원, 교도소, 국제공항 등에 명상실이 마련될 정도이다.

세밑이다. 조용한 곳을 찾아 눈을 감고 자신에게 의미 있는 단어를 한 개 골라 숨을 내쉴 때마다 되풀이해서 중얼거려보라. 우왕좌왕했던 2003년을 마감하면서 그대는 마음의 평온을 찾을지니.

과학기술에는 종말이 없다

한때 과학종말론이 화제가 된 적이 있었지요. 과학이라고 해서 지난 세기말에 새로운 천 년을 앞두고 풍미한 종말론의 영향권에서 자유로울 수는 없었으니까요.

종말론자들은 과학이 자연현상을 이해하여 궁극의 해답을 찾아내려는 노력은 한계에 도달했으며 그 끝이 보인다고 주장했습니다. 그들은 과학적 발견의 위대한 시대는 종언을 고했다고 단언하면서, 2300년 전 아리스토텔레스 시대에 제기된 질문들, 예컨대 우주의 기원이나 사람의 뇌 기능은 앞으로 수세기 동안 엄청난 노력에도 불구하고 끝내 밝혀지지 않을 것이라고 주장했어요.

어떤 일의 종말을 선언하는 것은 언제나 언론이 선호하는 기삿거리이기 때문에 과학종말론은 과학자는 물론이고 세인의 관심사가 되었습니다. 우선 과학자들이 가만 있을 리 만무했지요. 현대과학이 풀지 못한 수수께끼들을 열거하면서 과학은 결코 종말에 다다른 것이 아니라고 논박했거든요.

21세기에는 자연과 물질의 본질을 밝혀낸 20세기와 달리 우리 개개인 안에 숨겨진 본성의 비밀이 핵심적인 탐구대상이 됩니다. 사람의 몸과 마음에 대해 풀지 못한 수수께끼가 아직도 많이 남아 있다는 사실은 21세기 과학이 발전을 거듭할수록 딜레마에 봉착할 것임을 예고하는 셈이지요. 몸과 마음의 신비가 밝혀진다면 인류는 조물주에 버금가는 능력을 갖게 됨과 동시에 그 능력을 과시하고 싶은 유혹을 뿌리치기 어려울 테니까요. 말하자면 21세기의 과학기술은 양날의 칼이 될 개연성이 어느 때보다 높다고 할 수 있습니다.

그 밖에 과학이 풀지 못한 수수께끼로 자주 언급되는 단골 주제는 생명의 기원, 만물의 이론, 우주의 궁극적인 운명, 외계의 지능 생명 등이 있지요. 과학자들은 이처럼 우리가 모르고 있다고 생각하는 문제들에 매달릴 테지만, 또한 우리가 모른다는 사실조차 모르고 있던 현상을 발견하는 기쁨을 누리게 될 것입니다.

더욱이 과학기술의 원동력인 인간의 호기심은 끝이 없기 때문에 지금은 상상조차 하지 못했던 새로운 의문들이 줄기차게 쏟아져 나오면서 과학자들의 고민거리는 늘어날 테지만 그만큼 인류의 탐구 정신은 위력을 발휘하게 될 것입니다.

2001년 5월 14일 시작된 이 칼럼은 오늘로 151회를 맞습니다. 4년째 칼럼을 쓰면서 우리나라의 청소년들이 과학자들의 위대한 탐구 정신을 본받게 되길 소망했습니다.

이제 독자 여러분에게 작별 인사를 드리면서 과학기술은 미래에의 도전이라는 말씀을 드리고 싶습니다.

ㅈ

ㅊ